Adobe Animate(Flash) CC
动画设计案例课堂

代治国　徐　飞　主编

清华大学出版社
北京

内 容 简 介

目前，高职院校正在从纯理论教学的学历教育模式向职业技能培养的实训教育模式进行转型，并提出了"以就业为核心""以企业的需求为导向"是实训教育的根本出发点的基本思路。很多学校的基础建设与实训基地的硬件环境建设已经基本完成，实训基地的硬件配置堪比一线生产企业。但是，由于缺乏实训课程体系建设方案，相关教师缺乏实际业务的实践操作经验，无法创造真实生产环境，导致校企合作与工学结合无法顺利实施。

本书以提升学生实际应用技能为目的，围绕案例制作拓展到真实的工作环境，坚持从理论到实践的原则，提升学生的综合动手能力。本书适合相关专业教学使用，以及专业从业者使用，无论是对初学者还是专业人员都具有很强的参考及学习价值。

图书在版编目（CIP）数据

Adobe Animate(Flash) CC 动画设计案例课堂 / 代治国，徐飞主编. —北京：清华大学出版社，2023.1
ISBN 978-7-302-62288-8

Ⅰ. ①A… Ⅱ. ①代… ②徐… Ⅲ. ①动画制作软件—高等职业教育—教材 Ⅳ. ①TP391.414

中国国家版本馆CIP数据核字（2023）第007084号

责任编辑：李玉茹
封面设计：杨玉兰
责任校对：吕丽娟
责任印制：朱雨萌

出版发行：清华大学出版社
　　　　　网　　　址：http://www.tup.com.cn，http://www.wqbook.com
　　　　　地　　　址：北京清华大学学研大厦A座　　　　　邮　　编：100084
　　　　　社 总 机：010-83470000　　　　　　　　　　　邮　　购：010-62786544
　　　　　投稿与读者服务：010-62776969，c-service@tup.tsinghua.edu.cn
　　　　　质 量 反 馈：010-62772015，zhiliang@tup.tsinghua.edu.cn
　　　　　课 件 下 载：http://www.tup.com.cn，010-83470236
印 装 者：三河市铭诚印务有限公司
经　　销：全国新华书店
开　　本：185mm×260mm　　　　印　　张：15.5　　　　字　　数：372千字
版　　次：2023年3月第1版　　　　　　　　　　　　　　印　　次：2023年3月第1次印刷
定　　价：79.00元

产品编号：089698-01

前　言

　　动画故事设计是教学中的艺术元素融入，可以很大程度上加强中国元素与动画的结合。动画故事情节之所以能成为教学中的重要内容，是因为每个时代的动画故事情节都具有时代性。中国传统元素的融入，可以加强动画故事的寓意性，使之更具有教育意义，以引导当代青年或社会大众建立正确的世界观和人生观。

　　本书在介绍理论知识的同时，安排了大量的课堂练习，同时还穿插了"操作技巧"和"知识拓展"板块，旨在让读者全面了解各知识点在实际工作中的应用。在每章结尾处安排了"强化训练"板块，目的是巩固本章所学内容，从而提高操作技能。

内容概要

　　本书知识结构安排合理，以理论与实操相结合的形式，从易教、易学的角度出发，帮助读者快速掌握Animate软件的使用方法。

章　节	主要内容
第1章	主要对Animate的基础入门知识进行介绍，包括Animate动画应用领域、图像的相关知识、Animate的工作界面以及文档的基本操作等
第2章	主要对Animate中的时间轴与图层进行介绍，包括认识时间轴和帧、帧的编辑、图层的编辑等
第3章	主要对元件、库与实例的知识进行介绍，包括元件的编辑、库的编辑及实例的编辑等
第4章	主要对图形的绘制与编辑进行介绍，包括辅助工具、选择对象工具、绘图工具、颜色填充工具及图形对象的编辑与修饰等
第5章	主要对文本工具的应用进行介绍，包括文本类型、文本样式、文本的分离与变形及滤镜功能的应用等
第6章	主要对基础动画的创建进行介绍，包括逐帧动画、补间动画、引导动画及遮罩动画等
第7章	主要对交互动画的创建进行介绍，包括ActionScript语法知识、运算符、动作面板的使用及交互式动画的创建等
第8章	主要对组件的应用进行介绍，包括认识组件及常用组件的用法等
第9章	主要对音视频的应用进行介绍，包括声音的应用及视频的应用等
第10章	主要对动画的输出进行介绍，包括测试动画、优化动画、发布动画及导出文件等
第11章	主要对电子贺卡的制作进行介绍，包括贺卡背景的制作、装饰物及文字的添加、文档发布等
第12章	主要对片头动画的制作进行介绍，包括素材的添加、图形的绘制、动画的制作等

（1）案例素材及源文件

本书中所用到的案例素材及源文件均可在文泉云盘下载，以方便读者进行实践。

（2）配套学习视频

本书涉及的疑难操作均配有高清视频讲解，并以二维码的形式提供给读者，读者只需扫描书中的二维码即可下载观看。

（3）PPT教学课件

配套教学课件，方便教师授课使用。

适用读者群体

- 各高校动画设计专业的学生。
- 想要学习动画制作知识的职场小白。
- 想要拥有一技之长的办公人士。
- 大、中专院校以及培训机构的师生。

本书由代治国（佳木斯大学）、徐飞编写。其中代治国编写第1~8章，徐飞编写第9~12章。本书在编写过程中力求严谨细致，但由于时间与精力有限，疏漏之处在所难免，望广大读者批评指正。

编　者

扫 码 获 取 配 套 资 源

目录

第1章 Animate动画入门基础知识

第2章 时间轴与图层

第3章 元件、库与实例

Animate

第4章 图形的绘制

Animate

第5章　文本工具的应用

Animate

第6章 基础动画的创建

Animate

第7章 交互动画的创建

Animate

第8章 动画组件的应用

Animate

第9章 音视频的应用

Animate

第10章 动画的输出

第**11**章 制作电子贺卡

Animate

第**12**章 制作片头动画

Animate

第**1**章

Animate动画
入门基础知识

内容导读

Animate是一款专业的矢量动画制作软件。该软件学习门槛较低，易上手，适用于动画制作、网络广告等多个领域。本章将针对Animate的一些基础知识进行介绍。

要点难点

- 了解Animate的应用领域
- 了解图像的有关知识
- 认识Animate的工作界面
- 掌握文档的基本操作

1.1 Animate动画应用领域

Animate是一款专业的二维动画制作软件，在多媒体课件、电子贺卡、休闲游戏、动画短片等领域应用广泛。本节将对Animate动画的典型应用进行介绍。

1.1.1 多媒体课件

在网络教学领域，Animate也发挥着极大的作用。用户可以结合ActionScript制作各种测试题、调查问卷等，增强课件的交互性，使其成为辅助教学的重要手段。用Animate制作的多媒体课件可以生成".exe"文件，通过光盘单机独立运行。多媒体课件集图像、文字、声音、视频于一体，实现了传统书面教材的立体化，同时也推动了教学手段、教学方法的多样化。图1-1、图1-2所示为生物课件效果图。

 学习笔记

图 1-1　　　　　　　　　　　图 1-2

1.1.2 电子贺卡

使用Animate可以制作图文并茂的电子贺卡，还可以在电子贺卡中添加音乐片段，使之更具吸引力。在节日来临之际制作一张电子贺卡发送给亲朋好友，更显诚意。图1-3、图1-4所示为使用Animate制作的生动的教师节贺卡。

图 1-3　　　　　　　　　　　图 1-4

1.1.3 休闲游戏

ActionScript可以为Animate作品添加交互性，从而制作出游戏互动的效果。在日常生活中，网络游戏的种类越来越多，部分手机游戏就是用Animate开发的。图1-5、图1-6所示分别为用Animate制作的小游戏。

图 1-5

图 1-6

1.1.4 动画短片

Animate软件擅长制作各种风格的动画，其拥有的互动能力及简捷的动画绘制功能可以大量节省绘制时间，更具效率地制作动画短片。图1-7、图1-8所示为使用Animate制作的公益宣传短片。

图 1-7

图 1-8

1.1.5 音乐MV

利用Animate软件制作的音乐MV，具有动画的特点，又配有歌曲，文件较小，上传下载快，在网络上深受人们的喜爱和欢迎。图1-9、图1-10所示为使用Animate制作的音乐MV画面。

图 1-9

图 1-10

操作技巧

在设计动画之前，应充分地做好分析工作，理清创作思路，拟定创作提纲。明确制作动画的目的，即要制作什么样的动画，通过这个动画要达到什么样的效果，以及通过什么形式将它表现出来，同时还要考虑到不同观众的欣赏水平。对于初学者，可模仿优秀的Animate作品，学习作者的设计思路和设计技巧。

1.2 Animate的工作界面

Animate的工作界面由菜单栏、编辑栏、工具栏、时间轴、舞台和工作区以及一些常用的面板组成，如图1-11所示。

❶菜单栏　　❷工具栏
❸舞台和工作区
❹时间轴　　❺编辑栏
❻常用面板

图 1-11

下面将对Animate的工作界面进行介绍。

1.2.1　菜单栏

菜单栏中包括"文件""编辑""视图""插入""修改""文本""命令""控制""调试""窗口"和"帮助"11个菜单，如图1-12所示。通过这些菜单可以执行Animate软件中大部分的操作命令。

图 1-12

1.2.2　舞台和工作区

舞台是用户在创建文件时放置内容的矩形区域，默认为白色，该区域中的对象可以作为影片输出或打印。而工作区则是舞台周围以淡灰色显示的区域，在测试影片时，工作区中的对象不会显示。图1-13所示为Animate的舞台和工作区。

图 1-13

1.2.3　工具栏

工具栏默认位于工作界面左侧，其中包含大量工具，这些工具可以帮助用户绘制、编辑图像，从而制作出极具特色的作品。图1-14所示为Animate的工具栏。工具栏的位置可以根据需要改变，移动鼠标指针至工具栏上方的空白区域，按住鼠标左键拖动即可改变工具栏的位置。

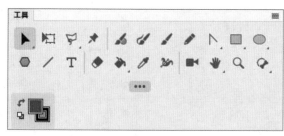

图 1-14

工具栏中的部分工具并未直接显示，而是以成组的形式隐藏在右下角带三角形的工具按钮中，按住工具不放即可展开工具组，展开后选择相应工具即可。工具栏中的各工具如表1-1所示。

表 1-1

工　具	图　标	工　具	图　标	工　具	图　标
选择工具	▶	部分选取工具	▷	任意变形工具	⛶
渐变变形工具	▊	3D旋转工具	◉	3D平移工具	⛶
套索工具	♀	多边形工具	▽	魔术棒	✨
传统画笔工具	✏	流畅画笔工具	✦	画笔工具	✎
铅笔工具	✏	橡皮擦工具	◆	线条工具	╱
矩形工具	▢	基本矩形工具	▤	椭圆工具	◯
基本椭圆工具	◉	多角星形工具	⬡	颜料桶工具	◢
墨水瓶工具	⬦	文本工具	T	吸管工具	✒
钢笔工具	✎	添加锚点工具	✦	删除锚点工具	✦
转换锚点工具	⌐	摄像头	🎥	骨骼工具	✦
绑定工具	✦	手形工具	✋	旋转工具	✦
时间划动工具	✦	宽度工具	✦	缩放工具	🔍
资源变形工具	✦				

单击工具栏中的"编辑工具栏"按钮 ⋯，在展开的面板中可以看到所有工具，如图1-15所示。该区域中显示为灰色的工具为工具栏中现有的工具，呈高亮显示的工具在工具栏中不显示，用户可以将其拖曳至工具栏中，如图1-16、图1-17所示。

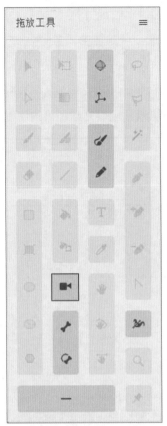
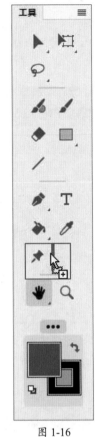

图 1-15   图 1-16   图 1-17

1.2.4 时间轴

Animate中的时间轴用于组织和控制文档内容在一定时间内播放的帧数。图层、帧和播放头是时间轴的主要组件，如图1-18所示。

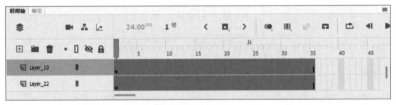

图 1-18

1.2.5 常用面板

Animate提供了多个面板帮助用户快速准确地执行特定命令。在"窗口"菜单中执行命令，即可打开相应的面板。图1-19、图1-20所示分别为打开的"属性"面板和"库"面板。其中，在"属性"面板中可以设置选中对象的属性；"库"面板中则存放着当前文档中所有的项目。

图 1-19

图 1-20

课堂练习 **更改舞台颜色**

通过"属性"面板，用户可以对文档、帧、对象或工具的属性进行设置。下面将以更改舞台的颜色为例，对"属性"面板的应用进行介绍。

步骤 01 执行"文件"|"新建"命令，打开"新建文档"对话框设置参数，如图1-21所示。

步骤 02 单击"创建"按钮根据设置参数新建文档，如图1-22所示。

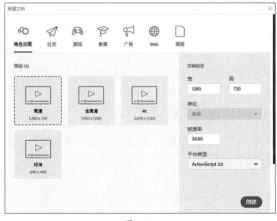

图 1-21

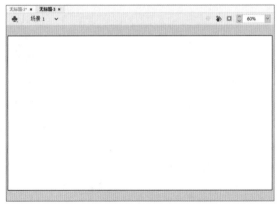

图 1-22

步骤 03 执行"窗口"|"属性"命令，打开"属性"面板，此时"舞台"选项右侧的色块为白色，如图1-23所示。

步骤 04 单击"舞台"选项右侧的色块，在弹出的面板中设置颜色，即可修改舞台的颜色，如图1-24所示。

图 1-23

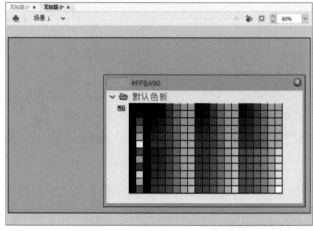

图 1-24

至此，完成舞台颜色的更改。

1.3 文档的基本操作 //////////////////////////

使用Animate制作动画之前，可以先了解Animate文档的基本操作，如新建文档、设置文档属性、保存文档等，以便更好地进行操作。本节将对此进行介绍。

1.3.1 新建Animate文档

用户可以通过"主屏"界面中的"新建"按钮或执行"文件"|"新建"命令，新建文档。

1. "主屏"界面 ————————————————————○

打开Animate软件即可显示其"主屏"界面，如图1-25所示。单击该界面中的"新建"按钮，打开如图1-26所示的"新建文档"对话框，设置参数后单击"创建"按钮即可新建文档。

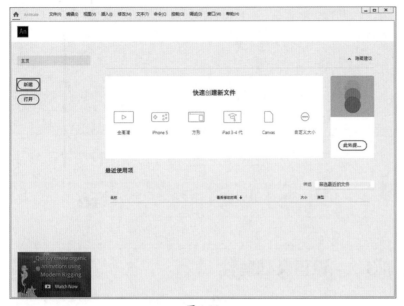

图 1-25

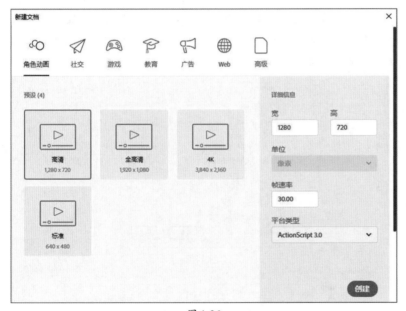

图 1-26

2. "新建"命令

执行"文件"|"新建"命令或按Ctrl+N组合键,即可打开"新
建文档"对话框,如图1-27所示。"新建文档"对话框中包括许多
常用的预设文档,用户可以直接选择后单击"创建"按钮新建文
档。若预设中没有需要的文档参数,也可以在该对话框右侧的"详
细信息"区域中设置文档尺寸、单位、帧速率等参数,完成后单击
"创建"按钮即可根据设置新建文档。

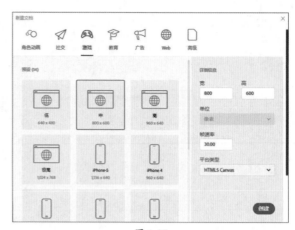

图 1-27

1.3.2 设置文档属性

新建文档后，用户还可以在"属性"面板中设置文档的尺寸、颜色、帧速率等参数，若想进行更多的设置，可以单击"文档设置"区域中的"更多设置"按钮，打开"文档设置"对话框进行设置，如图1-28所示。设置完成后单击"确定"按钮，即可根据设置参数更改文档属性，如图1-29所示。

🔍 知识拓展

执行"修改"|"文档"命令或按Ctrl+J组合键，同样可以打开"文档设置"对话框。

图 1-28

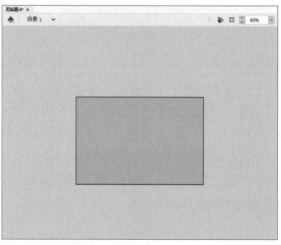

图 1-29

1.3.3 打开已有文档

在Animate软件中，用户可以直接打开已有的文档，常用的打开文档的方法有以下三种。

- 单击"主屏"界面中的"打开"按钮，在弹出的"打开"对话框中选中需要打开的文档，单击"打开"按钮即可。
- 双击文件夹中的Animate文件将其打开。
- 执行"文件"|"打开"命令或按Ctrl+O组合键，打开"打开"对话框，选择需要打开的文档后单击"打开"按钮即可。

1.3.4 保存文档

使用Animate软件制作作品的过程中，用户可以及时进行保存，以避免误操作；也可以在制作完成后将文档保存，以便后续的修改编辑。常用的保存文档的方法有以下两种。

- 执行"文件"|"保存"命令或按Ctrl+S组合键，保存文档。
- 执行"文件"|"另存为"命令或按Ctrl+Shift+S组合键，打开"另存为"对话框，设置参数后单击"保存"按钮保存文档。

> **知识拓展**
>
> 首次保存文档时，无论是执行"保存"命令还是"另存为"命令，都将打开"另存为"对话框，以便对文档名称、位置等参数进行设置。

1.3.5 导入素材

素材的调用是Animate软件的基本技能，用户可以将素材导入当前文档的舞台或库中。下面将对此进行介绍。

1. 导入到库

执行"文件"|"导入"|"导入到库"命令，打开"导入到库"对话框，选择要导入的素材，如图1-30所示。单击"打开"按钮，即可在"库"面板中看到导入的图像素材，如图1-31所示。使用时将素材从"库"面板中拖曳至舞台中即可。

图 1-30

图 1-31

2. 导入到舞台

　　执行"文件"|"导入"|"导入到舞台"命令或按Ctrl+R组合键，打开"导入"对话框，选择要导入的素材，如图1-32所示。单击"打开"按钮，即可将素材导入舞台中，如图1-33所示。

图 1-32

图 1-33

课堂练习　导入图像素材

　　使用Animate软件制作作品时，用户可以通过导入素材节省制作时间，提高效率。下面将以素材图像的导入为例，对文档的基本操作进行介绍。

　　步骤 01 打开Animate软件，单击"主屏"界面中的"打开"按钮，打开"打开"对话框，选中需要打开的文档"导入图像素材文件.fla"，如图1-34所示。

　　步骤 02 单击"打开"按钮，打开选中的素材文档，如图1-35所示。

图 1-34

图 1-35

　　步骤 03 执行"文件"|"导入"|"导入到舞台"命令，打开"导入"对话框，选择要导入的素材"岛屿.png"，如图1-36所示。

　　步骤 04 单击"打开"按钮导入选中的素材，在"属性"面板中调整尺寸，效果如图1-37所示。

图 1-36

图 1-37

步骤 05 按Ctrl+Shift+S组合键打开"另存为"对话框,设置保存位置和文件名,如图1-38所示。完成后单击"保存"按钮即可保存文件。

至此,完成图像素材的导入及保存。

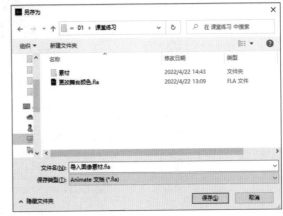

图 1-38

1.4 有关图像的术语

在Animate软件中可以导入JPG、PNG、GIF等多种格式的图像素材。在学习如何在Animate软件中使用图像之前,可以先对图像本身有所了解。下面将介绍矢量图与位图、图像的像素与分辨率等知识。

1.4.1 矢量图与位图

根据图像显示原理的不同,一般可以将图像分为矢量图和位图两种。下面将对此进行介绍。

1. 矢量图

所谓矢量,又叫向量,是一种面向对象的基于数学方法的绘图方式。在数学上定义为一系列由线连接的点,用矢量方法绘制出来的图形叫作矢量图形。矢量绘图软件,也可以叫作面向对象的绘图软件，在矢量文件中的图形元素称为对象，每一个对象都是一个独立的实体，它具有大小、形状、颜色、轮廓等一些属性。由于每一个对象都是独立的，那么在移动或更改它们的属性时，就可保持对象原有的清晰度和弯曲度，并且不会影响图形中其他的对象。

矢量图形由一条条的直线或曲线构成，在填充颜色时，将按照用户指定的颜色沿曲线的轮廓边缘进行着色。矢量图形的颜色和它的分辨率无关，当放大或缩小图形时，它的清晰度和弯曲度不会改变，并且其填充颜色和形状也不会更改，如图1-39、图1-40所示。

图 1-39　　　　　　　　　　　　　图 1-40

矢量图放大后图像不会失真，文件占用空间较小，适用于图形设计、文字设计、标志设计、版式设计等设计领域。常见的矢量图绘制软件有CorelDraw、Illustrator等。

2. 位图

位图图像也称为点阵图像或绘制图像，它由无数个单独的点（即像素）组成，每个像素都具有特定的位置和颜色值。位图图像的显示效果与像素是紧密相关的，它通过多个像素不同的排列和着色来构成整幅图像。图像的大小取决于像素的多少，图像的颜色也是由各个像素的颜色来决定的。

位图图像与分辨率有关，即图像包含着一定数量的像素。当放大位图时，可以看到构成整个图像的无数小方块，如图1-41、图1-42所示。放大位图时，将增加像素的数量，它使图像显示更为清晰、细腻；而缩小位图时，则会减少相应的像素，从而使线条和形状显得参差不齐。由此可看出，对位图进行缩放时，实质上只是对其中的像素进行了相应的操作，而在进行其他的操作时也是如此。常见的位图编辑软件有Photoshop、Painter等。

图 1-41　　　　　　　　　　　　　图 1-42

1.4.2 像素与分辨率

像素与分辨率体现了计算机图像中图像的尺寸和清晰度。了解像素与分辨率的基本概念，可以帮助用户更好地学习动画的制作。下面将对此进行介绍。

1. 像素

像素（pixel）意即图像元素（picture element），是构成图像的最小单位，是用于计算数码影像大小的一种单位，是图像的基本元素。放大位图图像时，即可看到像素，如图1-43和图1-44所示。构成一张图像的像素越多，色彩信息越丰富，效果就越好，文件所占空间也越大。

图 1-43

图 1-44

2. 分辨率

一般情况下，分辨率分为图像分辨率、屏幕分辨率以及打印分辨率三种。

图像分辨率是指单位长度内所含像素的数量，单位是"像素/英寸"（ppi）；屏幕分辨率是指显示器上每单位长度显示的像素或点的数量，单位是"点/英寸"（dpi）；打印分辨率是指激光打印机（包括照排机）等输出设备每英寸产生的油墨点数（dpi）。

图像的分辨率表示图像的精细程度，即图像的分辨率越高，图像的清晰度也就越高，图像占用的存储空间也越大。图1-45、图1-46所示为不同分辨率的图像效果。

图 1-45

图 1-46

强化训练

1. 项目名称

调整界面颜色

2. 项目分析

Animate提供了4种预设的界面颜色以帮助用户选择适合自己的界面颜色，用户可以通过"首选参数"对话框实现这一操作。除此之外，用户还可以在"首选参数"对话框中设置UI外观、工作区等。

3. 项目效果

界面颜色调整前后的效果分别如图1-47、图1-48所示。

图 1-47

图 1-48

4. 操作提示

①双击文件夹中的素材文件将其打开。

②执行"编辑"|"首选参数"命令打开"首选参数"对话框，设置UI主题为"浅"。

③单击"确定"按钮应用效果。

第**2**章

时间轴与图层

内容导读

在Animate软件中，掌握时间轴与图层的知识是至关重要的。
换句话说，几乎所有动画的播放顺序、动作行为等都是通过时间轴
和图层来实现的。本章将对时间轴和图层的知识及应用方法进行全
面介绍。

要点难点

- 了解"时间轴"面板
- 了解帧的类型
- 学会编辑帧
- 学会编辑图层

2.1 时间轴和帧 ///////////////////////////////////////

时间轴和帧是动画制作领域非常重要的内容。通过时间轴和帧,可以决定动画的播放顺序。本节将对时间轴和帧的相关知识进行介绍。

2.1.1 认识时间轴

时间轴可以组织和控制一定时间内的图层与帧中的文档内容。启动Animate软件后,若工作界面中没有"时间轴"面板,可以执行"窗口"|"时间轴"命令,或按Ctrl+Alt+T组合键打开"时间轴"面板,如图2-1所示。

图 2-1

"时间轴"面板中部分常用选项的作用如下。

- **图层:** 在不同的图层中放置对象,可以制作出层次丰富、变化多样的动画效果。
- **播放头:** 用于指示当前在舞台中显示的帧。
- **帧:** Animate动画的基本单位,代表不同的时刻。
- **帧速率:** 表示当前动画每秒钟播放的帧数。
- **仅查看现用视图 ≋:** 用于切换多图层视图和单图层视图,单击即可切换。
- **添加/删除摄像头 ◼:** 用于添加或删除摄像头。
- **显示/隐藏父级视图 ▲:** 用于显示或隐藏图层的父级层次结构。
- **单击以调用图层深度面板 ∠:** 单击该按钮将打开"图层深度"面板,以便修改列表中提供的现用图层的深度,如图2-2所示。

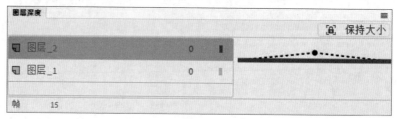

图 2-2

- **插入关键帧 ◻:** 右击该按钮,可以在弹出的快捷菜单中查看和执行命令以添加不同的帧,如图2-3所示。
- **绘图纸外观 ◼:** 用于启用和禁用绘图纸外观。启用后,在

"起始绘图纸外观"和"结束绘图纸外观"标记（在时间轴标题中）之间的所有帧都会被重叠为"文档"窗口中的一个帧。右击该按钮，在弹出的快捷菜单中执行命令可以设置绘图纸外观的效果。

● **编辑多个帧** ▥：单击该按钮可查看和编辑选定范围内多个帧中的内容。

● **创建传统补间** ▣：右击该按钮，可以在弹出的快捷菜单中查看和执行命令以创建不同的补间，如图2-4所示。在时间轴中选择帧间距，然后单击该按钮即可根据选择生成相应的补间。

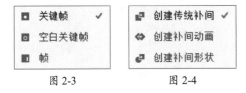

图 2-3   图 2-4

2.1.2 帧的概念

帧是影像动画中最小的单位。在Animate软件中，一帧就是一幅静止的画面，连续的帧即可形成动画。帧速率是指1秒钟传输的图片的帧数，通常用fps（frames per second）表示。帧速率越高，动画越流畅逼真。下面将介绍帧的相关知识。

1. 帧的类型

Animate软件中的帧主要分为关键帧、普通帧和空白关键帧三种类型，如图2-5所示。

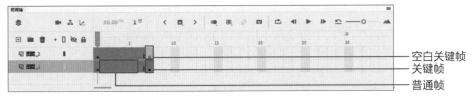

空白关键帧
关键帧
普通帧

图 2-5

不同类型的帧的作用也有所不同，这三种帧的作用分别如下。

● **关键帧**：关键帧是指在动画播放过程中，呈现关键性动作或内容变化的帧。关键帧定义了动画的变化环节。在时间轴中，关键帧以一个实心的小黑点来表示。

● **普通帧**：普通帧一般位于关键帧后方，其作用是延长关键帧中动画的播放时间。一个关键帧后的普通帧越多，该关键帧的播放时间越长。普通帧以灰色方格来表示。

● **空白关键帧**：这类关键帧在时间轴中以一个空心圆表示，该关键帧中没有任何内容。若在其中添加内容，将转变为关键帧。

2. 设置帧的显示状态

单击"时间轴"面板右上角的"菜单"按钮☰，在弹出的下拉菜单中执行相应的命令，即可改变帧的显示状态。图2-6所示为弹出的下拉菜单。

图 2-6

该下拉菜单中部分常用命令的作用如下。

- **较短、中、高：**用于设置时间轴中的图层高度。
- **预览：**以缩略图的形式显示每帧的状态。
- **关联预览：**显示对象在各帧中的位置，有利于观察对象在整个动画过程中的位置变化。

3. 设置帧速率

帧速率就是指1秒钟内播放的帧数。帧速率过低会使动画卡顿，帧速率过高会使动画的细节变得模糊。默认情况下，Animate文档的帧速率是30帧/秒。

设置帧速率的方法主要有以下三种。

- 新建文档时在"新建文档"对话框中设置。
- 在"文档设置"对话框中的"帧频"文本框中进行设置，如图2-7所示。

图 2-7

● 在"属性"面板中的FPS文本框中进行设置，如图2-8所示。

图 2-8

2.2 帧的编辑

动画的制作离不开帧。本节将介绍编辑帧的基本操作，如选择帧、删除帧、清除帧、复制和粘贴帧、移动帧、转换帧等。

2.2.1 选择帧

在Animate中，需要先选中帧，才可以对帧进行编辑。根据选择范围的不同，帧的选择有以下四种情况。

● 若要选中单个帧，只需在时间轴上单击要选中的帧即可，如图2-9所示。选中的帧呈蓝色高亮显示。

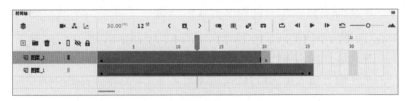

图 2-9

● 若要选择连续的多个帧，可以按住鼠标左键拖动，或先选择第一帧，然后按住Shift键单击最后一帧即可，如图2-10所示。
● 若要选择不连续的多个帧，按住Ctrl键依次单击要选择的帧即可，如图2-11所示。

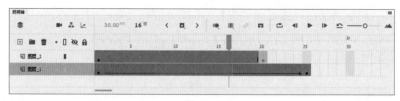

图 2-10

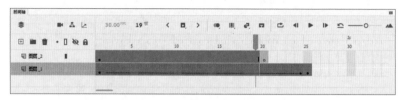

图 2-11

● 若要选择所有的帧，只需选择某一帧后右击鼠标，在弹出的
快捷菜单中选择"选择所有帧"命令即可，如图2-12所示。

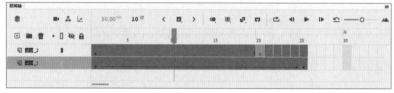

图 2-12

2.2.2 插入帧

在编辑动画的过程中，用户可以根据需要插入普通帧、关键帧
以及空白关键帧。下面将对这三种类型帧的插入方式进行介绍。

1. 插入普通帧

插入普通帧的方法主要有以下四种。

● 在需要插入帧的位置右击鼠标，在弹出的快捷菜单中执行
"插入帧"命令。

● 在需要插入帧的位置单击鼠标，执行"插入"|"时间轴"|
"帧"命令。

● 在需要插入帧的位置单击鼠标，按F5键。

● 在需要插入帧的位置单击鼠标，右击"时间轴"面板中的"插
入关键帧"按钮，在弹出的快捷菜单中执行"帧"命令。

2. 插入关键帧

插入关键帧的方法主要有以下四种。

● 在需要插入关键帧的位置右击鼠标，在弹出的快捷菜单中执
行"插入关键帧"命令。

● 在需要插入关键帧的位置单击鼠标，执行"插入"|"时间
轴"|"关键帧"命令。

- 在需要插入关键帧的位置单击鼠标，按F6键。
- 在需要插入关键帧的位置单击鼠标，单击"时间轴"面板中的"插入关键帧"按钮。

3. 插入空白关键帧

插入空白关键帧的方法主要有以下五种。

- 在需要插入空白关键帧的位置右击鼠标，在弹出的快捷菜单中选择"插入空白关键帧"命令。
- 若前一个关键帧中有内容，在需要插入空白关键帧的位置单击鼠标，执行"插入"|"时间轴"|"空白关键帧"命令。
- 若前一个关键帧中没有内容，直接插入关键帧即可得到空白关键帧。
- 在需要插入空白关键帧的位置单击鼠标，按F7键。
- 在需要插入空白关键帧的位置单击鼠标，右击"时间轴"面板中的"插入关键帧"按钮，在弹出的快捷菜单中执行"空白关键帧"命令。

2.2.3 移动帧

制作动画时，用户可以根据需要调整时间轴上各帧的顺序。选中要移动的帧，然后按住鼠标左键将其拖曳至目标位置即可，如图2-13、图2-14所示。

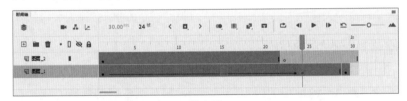

图 2-13

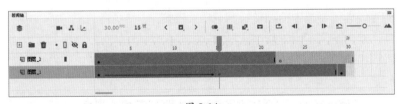

图 2-14

2.2.4 复制帧

制作动画时，用户可以通过复制粘贴帧得到内容完全相同的帧，从而提升工作效率。复制粘贴帧的方法主要有以下两种。

- 选中要复制的帧，按住Alt键将其拖曳至目标位置。
- 选中要复制的帧并右击鼠标，在弹出的快捷菜单中执行"复制帧"命令，移动鼠标指针至目标位置，右击鼠标，在弹出的快捷菜单中执行"粘贴帧"命令。

2.2.5　删除和清除帧

若想删除文档中错误的或多余的帧，有两种常用的方式：删除帧和清除帧。其中，删除帧可以将帧删除；而清除帧只清除帧中的内容，将选中的帧转换为空白帧，不删除帧。

1. 删除帧

选中要删除的帧并右击鼠标，在弹出的快捷菜单中执行"删除帧"命令或按Shift+F5组合键即可将帧删除。

2. 清除帧

选中要清除的帧并右击鼠标，在弹出的快捷菜单中执行"清除帧"命令。

> **操作技巧**
>
> 选中关键帧后右击鼠标，在弹出的快捷菜单中执行"清除关键帧"命令可将选中的关键帧转换为普通帧。

2.2.6　转换帧

Animate中的帧可以转换为关键帧或空白关键帧，用户可以根据需要进行转换。下面将对此进行介绍。

1. 转换为关键帧

选中要转换为关键帧的帧并右击鼠标，在弹出的快捷菜单中执行"转换为关键帧"命令或按F6键，即可将选中的帧转换为关键帧。

2. 转换为空白关键帧

"转换为空白关键帧"命令可以将当前帧转换为空白关键帧，并删除该帧以后的帧中的内容。选中需要转换为空白关键帧的帧并右击鼠标，在弹出的快捷菜单中执行"转换为空白关键帧"命令或按F7键，即可将选中的帧转换为空白关键帧。

课堂练习　制作打字效果

在不同的帧中按顺序添加内容，逐帧播放时就形成了动画效果。下面将以打字效果的制作为例，对帧的相关操作进行介绍。

步骤 01 打开Animate软件，新建一个960像素×720像素的空白文档。按Ctrl+R组合键导入本章素材文件"陪伴.jpg"，效果如图2-15所示。

步骤 02 双击修改"图层-1"的名称为"背景",单击"时间轴"面板中的"新建图层"按钮 ⊞,新建图层并修改名称为"文字",如图2-16所示。

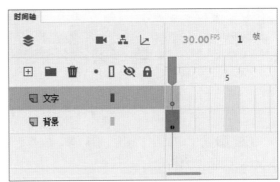

图 2-15　　　　　　　　　　　　　　　　　　图 2-16

步骤 03 选中两个图层的第30帧,按F5键插入帧,单击"背景"图层名称右侧锁定栏中的 🔒 图标锁定图层,如图2-17所示。

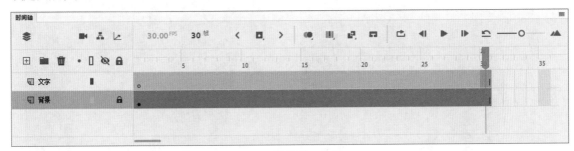

图 2-17

步骤 04 选中"文字"图层的第1帧,选择"文本工具" T 在舞台中的合适位置单击并输入文字。选中输入的文字,在"属性"面板中设置"字体"为"仓耳渔阳体","字体样式"为W05,"大小"为35 pt,"填充"为白色,如图2-18、图2-19所示。

图 2-18　　　　　　　　　　　　　　　　　　图 2-19

步骤 05 在"文字"图层的第3帧、第5帧、第7帧、第9帧、第11帧、第13帧、第15帧、第17帧和第19帧分别按F6键转换关键帧，如图2-20所示。

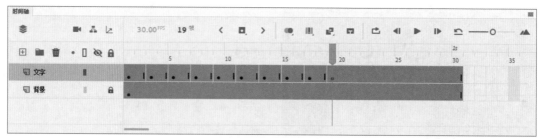

图 2-20

步骤 06 选中"文字"图层的第1帧，在舞台中双击文字进入编辑模式，删除第1个文字之后的所有文字，如图2-21所示。

步骤 07 选中"文字"图层的第3帧，在舞台中双击文字进入编辑模式，删除第2个文字之后的所有文字，如图2-22所示。

图 2-21   图 2-22

步骤 08 选中"文字"图层的第5帧，在舞台中双击文字进入编辑模式，删除第3个文字之后的所有文字，如图2-23所示。

步骤 09 重复操作，直至文字完全显示，如图2-24所示。

图 2-23   图 2-24

至此，完成打字效果的制作。

2.3 图层的编辑

图层类似于堆叠在一起的、含有图像等元素的玻璃片，每个图层中包含显示在舞台中的不同图像。若上面一层的某个区域没有内容，透过这个区域可以看到下面图层相同位置的内容。

新建Animate文档后，默认只有"图层-1"。单击"时间轴"面板中的"新建图层"按钮，即可在当前图层上方添加新的图层。用户也可以执行"插入"|"时间轴"|"图层"命令创建新图层。默认情况下，新创建的图层将按照图层-1、图层-2、图层-3的顺序命名，如图2-25所示。

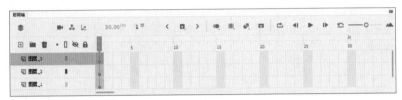

图 2-25

操作技巧

在"时间轴"面板中选择已有的图层并右击鼠标，在弹出的快捷菜单中执行"插入图层"命令也可以创建图层。

2.3.1 选择图层

选中图层后才可以对其进行编辑。用户可以根据需要选择单个或多个图层。下面将对此进行介绍。

1. 选择单个图层

选择单个图层有以下三种方法。

● 在"时间轴"面板中单击图层名称，即可选择该图层。

● 选择"时间轴"面板中的帧，即可选择该帧所对应的图层。

● 在舞台上单击选中要选择图层中所包含的对象，即可选择该图层。

2. 选择多个图层

按住Shift键在要选中的第一个图层和最后一个图层上单击即可选中这两个图层之间的所有图层，如图2-26所示；若想选择多个不相邻的图层，可以按住Ctrl键单击要选中的图层，如图2-27所示。

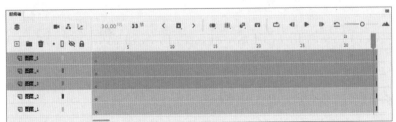

图 2-26

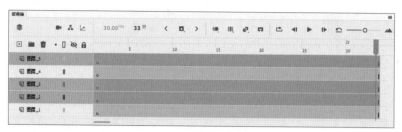

图 2-27

2.3.2 重命名图层

重命名图层可以帮助用户更好地管理图层内容。双击"时间轴"面板中的图层名称进入编辑状态，如图2-28所示。在文本框中输入新名称，按Enter键或在空白处单击确认即可，如图2-29所示。

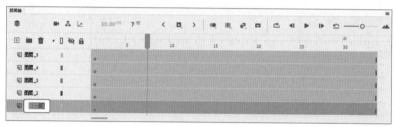

图 2-28

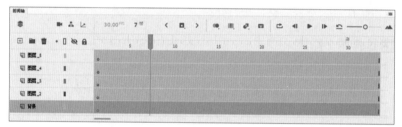

图 2-29

2.3.3 删除图层

在Animate软件中，用户可以删除不需要的图层。常见的删除图层的方式有以下两种。

- 选中图层后右击鼠标，在弹出的快捷菜单中执行"删除图层"命令将其删除。
- 选中图层后单击"时间轴"面板中的"删除"按钮 🗑 将其删除。

2.3.4 设置图层的属性

选中图层后右击鼠标，在弹出的快捷菜单中执行"属性"命令，将打开"图层属性"对话框，如图2-30所示。用户可以在该对话框中设置选中图层的属性。

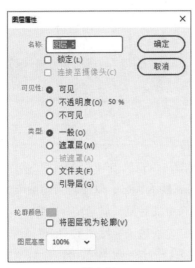

图 2-30

"图层属性"对话框中部分选项的作用如下。

- **名称**：用于设置图层的名称。
- **锁定**：选中该复选框将锁定图层；若取消选中该复选框，则可以解锁图层。
- **可见性**：用于设置图层是否可见。若选择"可见"单选按钮，则显示图层；若选择"不可见"单选按钮，则隐藏图层；若选择"不透明度"单选按钮，则可以设置图层不透明度。默认选择"可见"单选按钮。
- **类型**：用于设置图层类型，包括"一般""遮罩层""被遮罩""文件夹"和"引导层"五种类型。默认选择"一般"单选按钮。
- **轮廓颜色**：用于设置图层轮廓颜色。
- **将图层视为轮廓**：选中该复选框后图层中的对象将以线框模式显示。
- **图层高度**：用于设置图层的高度。

2.3.5 设置图层的状态

通过"时间轴"面板，用户可以对图层进行突出显示、隐藏、锁定等操作，便于用户编辑图层。下面将对此进行介绍。

1. 突出显示图层

突出显示图层是将图层以轮廓颜色突出显示，便于用户标注重点图层。单击"时间轴"面板中图层名称右侧的"突出显示图层"按钮，即可使该图层以轮廓颜色显示，如图2-31所示。再次单击可取消突出显示。

知识拓展

单击"突出显示图层"按钮⦿，可将所有图层突出显示，再次单击可恢复默认效果。每个图层突出显示的颜色与其轮廓颜色一致。

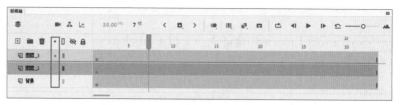

图 2-31

2. 显示图层的轮廓

当某个图层中的对象被另外一个图层中的对象所遮盖时，可以使上层图层处于轮廓显示状态，以便对当前图层进行编辑。图层处于轮廓显示时，舞台中的对象只显示其外轮廓。

单击图层中的"轮廓显示"按钮▐，即可使该图层中的对象以轮廓方式显示，如图2-32所示。再次单击该按钮，可将图层中的对象恢复正常显示，如图2-33所示。

知识拓展

单击"将所有图层显示为轮廓"按钮⬚，可将所有图层上的对象显示为轮廓，再次单击可恢复显示。每个对象的轮廓颜色和其所在图层右侧的"轮廓显示"图标▐的颜色一致。

图 2-32

图 2-33

3. 显示与隐藏图层

用户可以根据需要控制图层的隐藏与显示状态，以使画面更加整洁。隐藏状态下的图层不可见也不能被编辑，完成编辑后可以再将隐藏的图层显示出来。

单击图层名称右侧隐藏栏中的👁图标即可隐藏图层，隐藏的图层上将标记一个👁图标，如图2-34所示。再次单击隐藏栏中的👁图标将显示图层。

知识拓展

单击"显示或隐藏所有图层"按钮👁，可以将所有的图层隐藏，再次单击则显示所有图层。

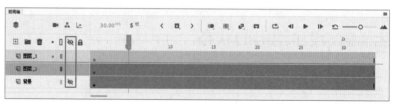

图 2-34

4. 锁定与解锁图层

用户可以根据需要控制图层的锁定状态，以避免误操作。图层被锁定后不能对其进行编辑，但可在舞台中显示。

单击图层名称右侧锁定栏中的🔒图标即可锁定图层，锁定的图层上将标记一个🔒图标，如图2-35所示。再次单击锁定栏中的🔒图标将解锁图层。

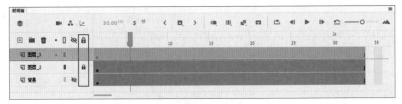

图 2-35

2.3.6 调整图层的顺序

在Animate软件中，图层顺序会影响舞台中对象的显示效果。用户可以根据需要调整图层的顺序，制作出更好的显示效果。选择需要移动的图层，按住鼠标左键将其拖动至合适位置后释放鼠标，即可将图层拖动到新的位置，如图2-36、图2-37所示。

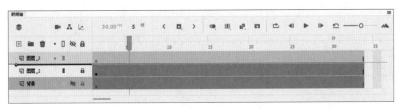

图 2-36

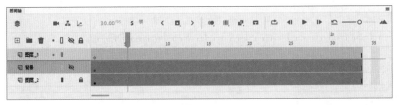

图 2-37

> **知识拓展**
>
> 单击"锁定或解除锁定所有图层"按钮🔒，可对所有图层进行锁定与解锁的操作。

课堂练习 **制作风车旋转动画**

制作动画时，将不同的内容放置在不同的图层中，有助于用户更好地处理对象。下面将以风车旋转动画的制作为例，对图层的应用进行介绍。

步骤 01 打开Animate软件，新建一个960像素×720像素的空白文档。按Ctrl+R组合键导入本章素材文件"背景.png"，效果如图2-38所示。

步骤 02 双击修改"图层-1"的名称为"背景"，单击"时间轴"面板中的"新建图层"按钮⊞，新建图层并修改名称为"木棍"。按Ctrl+R组合键导入本章素材文件"木棍.png"，在"属性"面板中调整其大小与位置，效果如图2-39所示。

图 2-38   图 2-39

步骤 03 单击"时间轴"面板中的"新建图层"按钮，新建图层并修改名称为"风车"。按 Ctrl+R组合键导入本章素材文件"风车.png"，在"属性"面板中调整其大小与位置，效果如图2-40 所示。

步骤 04 在所有图层的第17帧按F5键插入帧，锁定"背景"图层和"木棍"图层，如图2-41 所示。

图 2-40   图 2-41

步骤 05 选中"风车"图层的第3帧，按F6键插入关键帧，如图2-42所示。

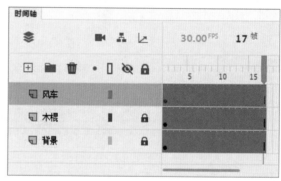

图 2-42

步骤 06 选中舞台中的风车，选择"任意变形工具"按住Shift键将风车拖曳旋转45°，如图2-43 所示。

步骤 07 选中"风车"图层的第5帧，按F6键插入关键帧。选中舞台中的风车，选择"任意变形 工具"按住Shift键再次将其拖曳旋转45°，如图2-44所示。

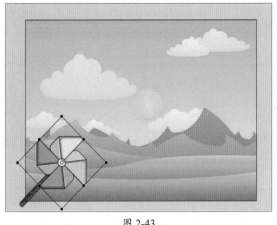

图 2-43

图 2-44

步骤 08 使用相同的方法，在第7帧、第9帧、第11帧、第13帧、第15帧及第17帧分别按F6键插入关键帧，并旋转舞台中的对象，直至旋转一周。图2-45、图2-46所示分别为第15帧及第17帧的效果。

图 2-45

图 2-46

至此，完成风车旋转动画的制作。

学 习 心 得

强化训练

1. 项目名称

制作灯光闪烁动画

2. 项目分析

在时间轴的不同帧中绘制不同的内容，当快速播放时，就会产生动画的效果。通过关键帧更改不同的状态，制作出变化的效果；根据灯光变化的规律，隔两帧添加素材图像制作出较为缓慢的变化效果，使效果更加自然。

3. 项目效果

项目效果如图2-47、图2-48、图2-49所示。

图 2-47

图 2-48

图 2-49

4. 操作提示

①新建文档，添加背景素材。

②新建图层，在第1帧、第4帧、第7帧按F7键插入空白关键帧，并分别导入素材对象，在第9帧按F5键插入帧。

③复制帧，重复2次。在"背景"图层的第30帧按F5键插入帧。

第 3 章

元件、库与实例

内容导读

在制作动画的过程中，通过使用元件，可以极大地提高工作效率，节省制作时间。本章将针对元件、库和实例的相关知识进行介绍，让读者能掌握并灵活应用这些操作技能，以达到快速创建动画的目的。

要点难点

- 了解元件的类型与用途
- 学会创建与编辑元件
- 掌握"库"面板的使用方法
- 学会设置实例

3.1 元件

元件是Animate软件中可以多次重复使用的基本元素，是构成动画的主体。在制作动画时，用户可以重复地使用元件，从而节省工作时间，提高工作效率。本节将对元件的知识进行介绍。

3.1.1 元件的类型

动画一般由多个元件组成，用户只需创建一次元件，就可以在整个文档中重复使用。元件中的小动画可以独立于主动画进行播放，每个元件可由多个独立的元素组合而成。

根据功能和内容的不同，可以将元件分为"图形"元件、"影片剪辑"元件和"按钮"元件三种类型，如图3-1所示。下面将对这三种类型的元件进行介绍。

图 3-1

1. "图形"元件

"图形"元件用于制作动画中的静态图形，是制作动画的基本元素之一，它也可以是"影片剪辑"元件或场景的一个组成部分，但是没有交互性，不能添加声音，也不能为"图形"元件的实例添加脚本动作。"图形"元件应用到场景中时，会受到帧序列和交互设置的影响，图形元件与主时间轴同步运行。

2. "影片剪辑"元件

使用"影片剪辑"元件可以创建可重复使用的动画片段，该种类型的元件拥有独立的时间轴，能独立于主动画进行播放。影片剪辑是主动画的一个组成部分，可以将影片剪辑看作主时间轴内的嵌套时间轴，包含交互式控件、声音以及其他影片剪辑实例。

3. "按钮"元件

"按钮"元件是一种特殊的元件，具有一定的交互性，主要用于创建动画的交互控制按钮。"按钮"元件具有"弹起""指针经过""按下""点击"四个不同状态的帧，如图3-2所示。

图 3-2

用户可以在按钮的不同状态帧上创建不同的内容，既可以是静态图形，也可以是影片剪辑，而且可以给按钮添加时间的交互动作，使按钮具有交互功能。

"按钮"元件对应时间轴上各帧的含义介绍如下。

● **弹起**：表示鼠标没有经过按钮时的状态。

● **指针经过**：表示鼠标经过按钮时的状态。

● **按下**：表示鼠标单击按钮时的状态。

● **点击**：表示用来定义可以响应鼠标事件的最大区域。如果这一帧没有图形，鼠标的响应区域则由指针经过和弹起两帧的图形来定义。

3.1.2 元件的创建

在制作作品时，用户可以创建新的空白元件，也可以将文档中的对象转换为元件。下面将对此进行介绍。

1. 创建空白元件

执行"插入"|"新建元件"命令或按Ctrl+F8组合键，打开"创建新元件"对话框，在该对话框中设置参数，如图3-3所示。完成后单击"确定"按钮，进入元件编辑模式添加对象即可。

图 3-3

"创建新元件"对话框中部分选项的作用如下。

● **名称**：用于设置元件的名称。

● **类型**：用于设置元件的类型，包括"图形""按钮"和"影片剪辑"三个选项。

● **文件夹**：在"库根目录"上单击，将打开如图3-4所示的"移至文件夹…"对话框，从中可以设置元件放置的位置。

● **高级**：单击该选项，将展开面板，在此可以对元件进行更详细的设置，如图3-5所示。

> **知识拓展**
>
> 在制作动画时，用户也可以通过多次复制某个对象来达到创作的目的，但每个复制的对象都具有独立的文件信息，整个影片的容量也会加大。而将对象制作成元件后再加以应用，Animate就会反复调用同一个对象，从而不会影响影片的容量。

图 3-4 　　　　　　　　　　　　　　图 3-5

除了通过执行"新建元件"命令创建新元件外，用户还可以通过"库"面板实现该操作，具体的操作方法如下。

- 在"库"面板中的空白处右击鼠标，在弹出的快捷菜单中执行"新建元件"命令。
- 单击"库"面板右上角的"菜单"按钮 ≡，在弹出的下拉菜单中选择"新建元件"命令。
- 单击"库"面板底部的"新建元件"按钮 ▮。

2. 转换为元件

选中舞台中的对象，执行"修改"|"转换为元件"命令或按F8键，打开如图3-6所示的"转换为元件"对话框，设置参数后单击"确定"按钮，即可将选中的对象转换为设置的元件。

图 3-6

3.1.3　元件的编辑

编辑元件时，舞台上所有该对象的实例都会发生相应的变化。下面将对编辑元件的相关知识进行介绍。

1. 在当前位置编辑元件

用户可以采用以下三种方法在当前位置编辑元件。

- 在舞台上双击要进入编辑状态元件的一个实例。

- 在舞台上选择元件的一个实例，右击鼠标，在弹出的快捷菜单中执行"在当前位置编辑"命令。
- 在舞台上选择要进入编辑状态元件的一个实例，执行"编辑"|"在当前位置编辑"命令。

在当前位置编辑元件时，其他对象以灰显方式出现，从而将它们和正在编辑的元件区别开。正在编辑的元件的名称显示在舞台顶部的编辑栏内，位于当前场景名称的右侧，如图3-7、图3-8所示。

图 3-7

图 3-8

② 在新窗口中编辑元件

当舞台中存在较多的对象时，用户可以选择在新窗口中编辑元件。选择舞台中要编辑的元件并右击鼠标，在弹出的快捷菜单中执行"在新窗口中编辑"命令，进入在新窗口中编辑元件的模式，正在编辑的元件的名称会显示在舞台顶部的编辑栏内，且位于当前场景名称的右侧，如图3-9、图3-10所示。

图 3-9

图 3-10

3. 在元件的编辑模式下编辑元件

用户可以采用以下四种方法在元件的编辑模式下编辑元件。

- 在"库"面板中双击要编辑元件名称左侧的图标。
- 按Ctrl＋E组合键。
- 选择需要进入编辑模式的元件所对应的实例并右击鼠标，在
  弹出的快捷菜单中执行"编辑元件"命令。
- 选择需要进入编辑模式的元件所对应的实例，执行"编
  辑"|"编辑元件"命令。

使用该编辑模式，可将窗口从舞台视图更改为只显示该元件的
单独视图进行编辑，如图3-11、图3-12所示。

图 3-11

图 3-12

创建"点击进入"按钮元件

　　按钮元件具有一定的交互性，用户可以通过在按钮元件的不同帧设置图形制作出具有交互功能的动画。下面将以按钮元件为例，对元件的创建过程进行介绍。

　　步骤 01 新建一个960像素×720像素的空白文档，按Ctrl+R组合键导入本章素材文件"背景.png"，效果如图3-13所示。在"属性"面板中设置舞台颜色为#025941。

　　步骤 02 按Ctrl+F8组合键打开"创建新元件"对话框，在该对话框中设置参数，如图3-14所示。

图 3-13

图 3-14

步骤 03 设置完成后单击"确定"按钮，进入元件编辑模式。选择"弹起"帧，在舞台中输入文字，在"属性"面板中设置文字"字体"为"庞门正道粗书体"，"大小"为50 pt，"填充"为白色，效果如图3-15所示。

步骤 04 选择"指针经过"帧，按F6键插入关键帧，修改文字颜色为#99FF99，效果如图3-16所示。

图 3-15

图 3-16

步骤 05 选择"按下"帧，按F6键插入关键帧，使用"任意变形工具"缩放文字，效果如图3-17所示。

步骤 06 选择"点击"帧，按F7键插入空白关键帧，选择"弹起"帧中的对象，按Ctrl+C组合键复制，选择"点击"帧，按Ctrl+Shift+V组合键原位粘贴，效果如图3-18所示。

图 3-17

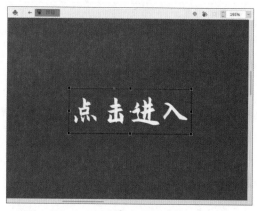

图 3-18

步骤 07 单击"编辑栏"中的 ← 按钮返回场景1，修改"图层_1"的名称为"背景"，新建图层并修改其名称为"按钮"。从"库"面板中拖曳"按钮"按钮元件至合适位置并调整其大小，如图3-19所示。

步骤 08 至此，完成按钮元件的创建，按Ctrl+Enter组合键测试，效果如图3-20所示。

图 3-19

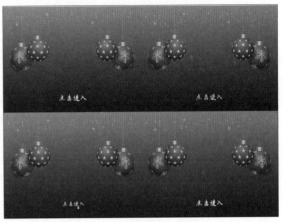

图 3-20

3.2 库

在Animate中制作或导入的所有资源都存储在"库"面板中，使用时直接从该面板中调用即可。本节将对库的相关知识进行介绍。

3.2.1 认识"库"面板

"库"面板中存储着在Animate中创建的各种元件和导入的素材资源。执行"窗口"|"库"命令或按Ctrl＋L组合键，即可打开"库"面板，如图3-21所示。"库"面板中将记录每一个库项目的基本信息，如名称、使用次数、修改日期、类型等。

"库"面板中各组成部分的作用如下。

● **预览窗口**：用于显示所选对象的内容。

● **菜单** ≡：单击该按钮，会弹出"库"面板中的快捷菜单。

● **新建库面板** ▢：单击该按钮，可以新建库面板。

● **新建元件** ▣：单击该按钮，即可打开"创建新元件"对话框，新建元件。

● **新建文件夹** ▢：用于新建文件夹。

● **属性** ⓘ：用于打开相应的"元件属性"对话框。

● **删除** 🗑：用于删除库项目。

图 3-21

3.2.2 重命名库项目

重命名库项目可以帮助用户更好地区分库项目，并对其进行管理。常用的重命名库项目的方法主要包括以下三种。

- 双击项目名称进入可编辑状态进行修改。
- 单击"库"面板右上角的"菜单"按钮☰，在弹出的快捷菜单中执行"重命名"命令，使项目名称进入可编辑状态进行修改，如图3-22所示。
- 选择项目后右击鼠标，在弹出的快捷菜单中执行"重命名"命令，使项目名称进入可编辑状态进行修改。

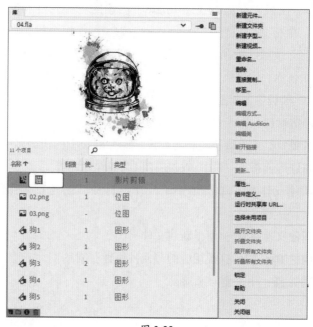

图 3-22

执行以上任意一种方法进入编辑状态后，在文本框中输入新名称，按Enter键或在其他空白区单击，即可完成项目的重命名操作。

3.2.3 应用库文件夹

库文件夹可以分类整理"库"面板中的项目，使"库"面板中的内容更加清晰明了。要注意的是，"库"面板中可以同时包含多个库文件夹，但不允许文件夹使用相同的名称。

单击"库"面板中的"新建文件夹"按钮 ，在文本框中输入文件夹的名称，如图3-23所示，按Enter键或在其他空白区单击即可新建一个"库"文件夹。选择库项目，按住鼠标左键将其拖曳至库文件夹中，展开库文件夹可以看到这些库项目，如图3-24所示。

图 3-23

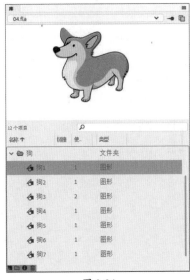

图 3-24

3.2.4 共享库资源

合理地应用库资源，可以缩短制作周期，提高工作效率。下面将对此进行介绍。

1. 复制库资源

在制作动画时，用户可以通过复制库资源将元件在文档之间共享，常用的方法包括以下三种。

1）通过"复制"和"粘贴"命令来复制库资源

在源文档舞台上选择资源，执行"编辑"|"复制"命令，复制选中对象。切换至目标文档，若要将资源粘贴到舞台中心位置，则移动鼠标指针至舞台上并执行"编辑"|"粘贴到中心位置"命令即可；若要将资源放置在与源文档中相同的位置，则执行"编辑"|"粘贴到当前位置"命令即可。

2）通过拖动来复制库资源

在目标文档打开的情况下，在源文档的"库"面板中选择某个资源，并将其拖入目标文档中即可。

3）通过在目标文档中打开源文档库来复制库资源

打开目标文档，执行"文件"|"导入"|"打开外部库"命令，选择源文档并单击"打开"按钮，即可将资源从源文档库拖到舞台上或拖入目标文档的库中。

学习笔记

2. 在创作时共享库中的资源

对于创作期间的共享资源，可以用本地网络上任何其他可用元件来更新或替换正在创作的文档中的任何元件。若更新目标文档中的元件，则目标文档中的元件将保留原始名称和属性，但其内容会被更新或替换。选定元件使用的所有资源也会复制到目标文档中。

打开文档，选择影片剪辑、按钮或图形元件，然后从"库"面板的菜单中执行"属性"命令，弹出"元件属性"对话框，单击"高级"按钮将其展开。在"创作时共享"区域中单击"源文件"按钮，选择要用于替换的Flash文档，选择元件，选中"自动更新"复选框，然后单击"确定"按钮即可。图3-25所示为设置后的"元件属性"对话框。

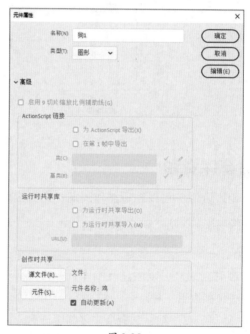

图 3-25

3. 解决库资源之间的冲突

如果将一个库资源导入或复制到含有同名的不同资源的文档中，在弹出的"解决库冲突"对话框中可以选择是否用新项目替换现有项目，如图3-26所示。

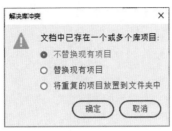

图 3-26

"解决库冲突"对话框中各选项的作用如下。

- **不替换现有项目**：选择该选项可以保留目标文档中的现有资源。
- **替换现有项目**：选择该选项可以用同名的新项目替换现有资源及其实例。
- **将重复的项目放置到文件夹中**：选择该选项可以保留目标文档中的现有资源，同名的新项目将被放置在项目文件夹中。

操作技巧

用户也可以通过重命名的方法解决库资源之间的冲突问题。

课堂练习 **制作下雪效果**

"库"面板中存放着文档中的所有资源，创建元件后，元件也将保存在"库"面板中。下面以下雪效果的制作为例，对元件的创建及"库"面板的应用进行介绍。

步骤 01 新建一个550像素×400像素的空白文档，设置帧速率为24，并保存文件。执行"文件"|"导入"|"导入到库"命令，导入本章素材文件，如图3-27所示。

步骤 02 修改图层_1的名称为"背景"，从"库"面板中将"下雪.png"拖曳至舞台中，如图3-28所示。在"背景"图层的第100帧按F5键插入帧，锁定背景图层。

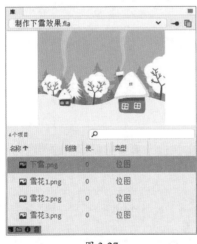

图 3-27

图 3-28

步骤 03 在"背景"图层上方新建"雪花1"图层，从"库"面板中拖曳"雪花1.png"至舞台中，并调整至合适大小，如图3-29所示。

步骤 04 选中舞台中的雪花，按F8键打开"转换为元件"对话框，并进行设置，如图3-30所示，创建图形元件。

图 3-29　　　　　　　　　　　　　　　　　　图 3-30

步骤 05 选中新创建的元件，双击进入编辑模式，按F8键再次创建图形元件，如图3-31所示。

步骤 06 在第20帧处按F6键插入关键帧，调整雪花的位置与大小，并进行旋转，如图3-32所示。

图 3-31　　　　　　　　　　　　　　　　　　图 3-32

💡 操作技巧

步骤06是在"雪花1"元件的编辑模式下进行的。

步骤 07 选中1～20帧之间的任意帧，右击鼠标，在弹出的快捷菜单中选择"创建传统补间"命令，创建补间动画，如图3-33所示。

图 3-33

步骤08 选中第20帧的对象，在"属性"面板中设置"色彩效果"中的样式为Alpha，并设置Alpha值为0，如图3-34所示。

步骤09 切换至场景1，选中舞台中的雪花，按F8键将其转换为图形元件"雪花1-2"，双击进入编辑模式，如图3-35所示。在第20帧按F5键插入帧。

图 3-34　　　　　　　　　　　　　　　　　　图 3-35

操作技巧

步骤09是在"雪花1-2"元件的编辑模式下进行的。

步骤10 选中舞台中的雪花，按住Alt键拖曳复制，效果如图3-36所示。预览效果如图3-37所示。

图 3-36　　　　　　　　　　　　　　　　　　图 3-37

步骤11 选中舞台中的所有对象，右击鼠标，在弹出的快捷菜单中选择"分散到图层"命令，效果如图3-38所示。

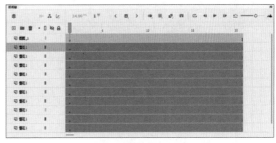

图 3-38

步骤 12 调整图层长度与起始时间，制作不同飘落效果的雪花，如图3-39所示。

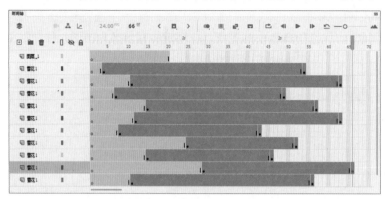

图 3-39

步骤 13 切换至场景1，选中舞台中的雪花，按住Alt键拖曳复制，并调整大小，如图3-40所示。

步骤 14 使用相同的方法制作另外两种雪花的飘落效果，如图3-41所示。

图 3-40

图 3-41

步骤 15 至此，完成下雪效果的制作，按Ctrl+Enter组合键测试，效果如图3-42、图3-43所示。

图 3-42

图 3-43

3.3 实例

将元件从"库"面板中拖曳至舞台中就变成了实例。简单来说，实例就是在舞台中使用的元件，实例是元件的具体应用。本节将对实例的知识进行介绍。

3.3.1 实例的创建

从"库"面板中选择元件，按住鼠标左键将其拖曳至舞台中释放，即可创建实例，如图3-44所示。用户还可以直接在舞台中复制创建好的实例。选择要复制的实例，按住Alt键拖动实例至目标位置，释放鼠标即可复制选中的实例对象，如图3-45所示。

图 3-44

图 3-45

知识拓展

用多帧的影片剪辑元件创建实例时，在舞台中设置一个关键帧即可；而多帧的图形元件则需要设置与该元件完全相同的帧数，动画才能完整地播放。

3.3.2 实例信息的查看

在"属性"面板和"信息"面板中可以查看与编辑在舞台上选定实例的相关信息。在处理同一元件的多个实例时，识别舞台上元件的特定实例比较复杂，此时就可以使用"属性"面板或"信息"面板进行识别。

在"属性"面板中可以查看实例的行为和设置，如图3-46所示。对于所有实例类型，均可以查看其色彩效果、位置和大小等参数并对其进行设置。

在"信息"面板中用户可以查看实例的大小和位置、实例注册点的位置、鼠标的位置以及实例的红色值（R）、绿色值（G）、蓝色值（B）和Alpha（A）值，如图3-47所示。

图 3-46

操作技巧

每个实例都有自己的属性，用户可以在"属性"面板中设置实例的色彩效果等属性。另外，也可以变形实例，如倾斜、旋转或缩放等，修改特征时只会显示在当前所选的实例上，对元件和场景中的其他实例没有影响。

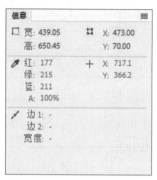

图 3-47

3.3.3　实例类型的转换

创建实例后，用户可以通过改变实例的类型，重新定义它在Animate中的行为。

选中舞台中的实例对象，在"属性"面板中单击"实例行为"下拉列表框，在弹出的选项中选择实例类型即可进行转换，如图3-48所示。当一个图形实例包含独立于主时间轴播放的动画时，可以将该图形实例重新定义为影片剪辑实例，以使其可以独立于主时间轴进行播放。改变实例的类型后，"属性"面板中的参数也将发生相应的变化。

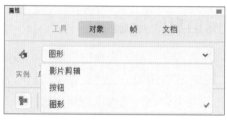

图 3-48

3.3.4　实例色彩的设置

用户可以在"属性"面板中根据需要设置元件实例的色彩效果。选择实例，在"属性"面板的"色彩效果"区域中的"样式"下拉列表框中选择相应的选项，如图3-49所示，即可对实例的颜色和透明度进行设置。

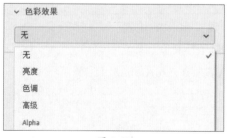

图 3-49

🔍 **知识拓展**

应用补间动画可以制作渐变颜色的效果。在实例的开始关键帧和结束关键帧中设置不同的色彩效果，然后创建传统补间动画，即可让实例的颜色随着时间逐渐变化。

"样式"下拉列表中各选项的作用分别如下。

1. 无

选择该选项，不设置颜色效果。

2. 亮度

该选项用于设置实例的明暗对比度，调节范围为-100%～100%。选择"亮度"选项，拖动右侧的滑块，或在文本框中直接输入数值即可设置对象的亮度。图3-50、图3-51所示分别为设置"亮度"值为0和60%的效果。

图 3-50

图 3-51

3. 色调

该选项用于设置实例的颜色，如图3-52所示。单击"颜色"色块，从"颜色"面板中选择一种颜色，或在文本框中输入红、绿和蓝色的值，都可以改变实例的色调。用户也可以使用"属性"面板中的色调滑块设置色调百分比。调整色调后效果如图3-53所示。

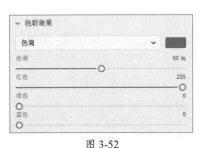

图 3-52

图 3-53

4. 高级

该选项用于设置实例的红、绿、蓝的值，如图3-54所示。选择"高级"选项，左侧的控件可以使用户按指定的百分比降低颜色或透明度的值；右侧的控件可以使用户按照数值降低或增大颜色或透明度的值。调整"高级"选项后效果如图3-55所示。

图 3-54 图 3-55

5. Alpha

该选项用于设置实例的透明度，调节范围为0～100%。选择
Alpha选项并拖动滑块，或者在文本框中输入数值即可调整Alpha值。
图3-56、图3-57所示分别为Alpha值设置为70%和20%的效果。

> **知识拓展**
>
> 分离实例仅仅分离实例本
> 身，而不影响其他元件。

图 3-56 图 3-57

3.3.5 实例的分离

若想断开实例与元件之间的链接，可以通过分离实例实现，这
一操作还将把实例放入未组合形状和线条的集合中。

选中要分离的实例，执行"修改"|"分离"命令或按Ctrl+B组
合键即可将实例分离，分离实例前后的对比效果如图3-58、图3-59所
示。若在分离实例之后修改其源元件，分离的实例不会随之更新。

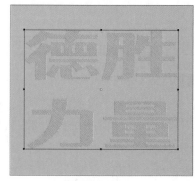

图 3-58 图 3-59

课堂练习 **制作文字出现效果**

舞台中的元件就是实例，用户可以在"属性"面板中设置实例的参数。下面以文字出现效果的制作为例，对实例的应用进行介绍。

步骤 **01** 新建一个960像素×720像素、帧频率为24的空白文档，按Ctrl+R组合键导入本章素材文件"图案.png"，效果如图3-60所示。修改"图层_1"的名称为"背景"，并锁定"背景"图层。

步骤 **02** 按Ctrl+F8组合键打开"创建新元件"对话框，在该对话框中设置参数，如图3-61所示。

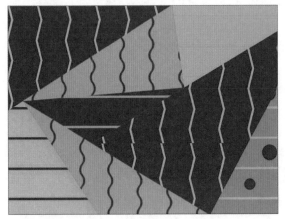

图 3-60

图 3-61

步骤 **03** 设置完成后单击"确定"按钮，进入元件编辑模式。修改舞台颜色为#6699FF。选择第1帧，在舞台中输入文字，在"属性"面板中设置文字"字体"为"庞门正道粗书体"，"大小"为50 pt，"颜色"为白色，效果如图3-62所示。

步骤 **04** 选中输入的文字，按Ctrl+B组合键将其分离，如图3-63所示。

图 3-62

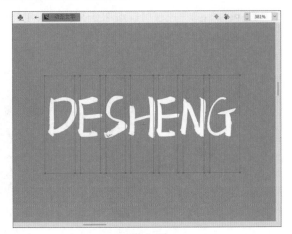

图 3-63

步骤 **05** 选中第1个字母，按F8键打开"转换为元件"对话框设置参数，如图3-64所示。设置完成后单击"确定"按钮将其转换为图形元件"D"。

步骤 **06** 选中第2个字母，按F8键打开"转换为元件"对话框设置参数，如图3-65所示。设置完成后单击"确定"按钮将其转换为图形元件"E"。

图 3-64 图 3-65

步骤 07 使用相同的方法，依次将字母转换为图形元件，重复的字母添加序号进行区分，如图3-66所示。

步骤 08 选中所有字母，右击鼠标，在弹出的快捷菜单中执行"分散到图层"命令，将字母分散到图层，如图3-67所示。

图 3-66 图 3-67

步骤 09 删除"图层_1"图层，在所有图层的第50帧按F6键插入关键帧，如图3-68所示。

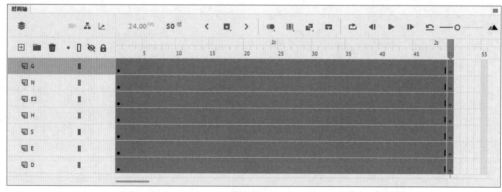

图 3-68

步骤 10 选择第1帧，选中舞台中的所有对象，使用"任意变形工具"调整大小，如图3-69所示。

步骤 11 保持选中状态，在"属性"面板中设置"色彩效果"为Alpha，值为0，如图3-70所示。

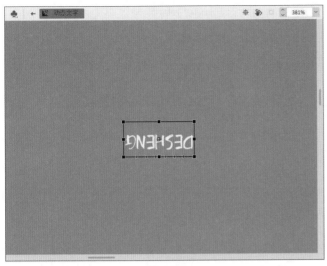

图 3-69   图 3-70

步骤 12 调整"时间轴"面板中各字母的持续时间，使其错开出现，如图3-71所示。

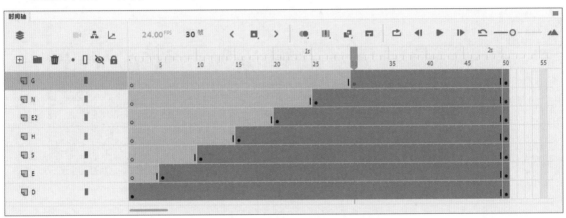

图 3-71

步骤 13 单击D图层中2个关键帧之间的任意一帧，右击鼠标，在弹出的快捷菜单中执行"创建传统补间"命令，创建补间动画，如图3-72所示。

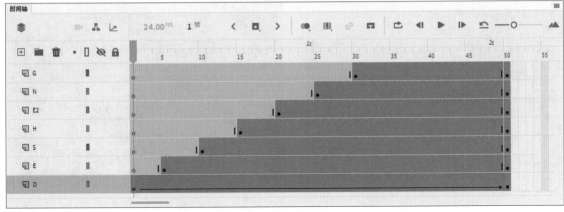

图 3-72

步骤14 使用相同的方法在其他字母图层创建补间动画，如图3-73所示。

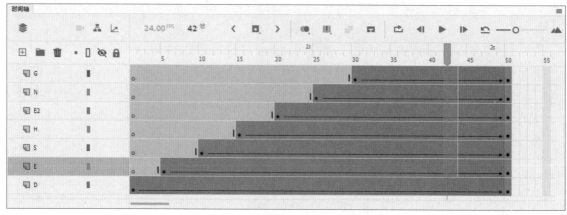

图 3-73

步骤15 在所有图层的第80帧按F5键插入帧，如图3-74所示。

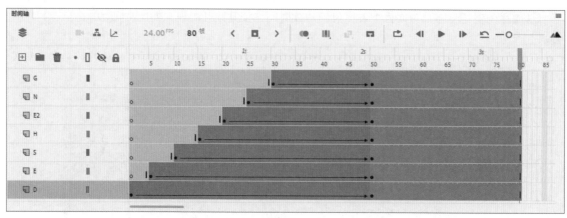

图 3-74

步骤16 切换至场景1，在"背景"图层上方新建"文字"图层，将"动态文字"影片剪辑元件拖曳至舞台中合适的位置，并调整大小，如图3-75所示。

步骤17 至此，完成文字出现效果的制作。按Ctrl+Enter组合键测试，效果如图3-76所示。

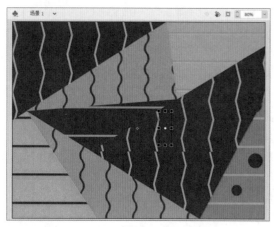

图 3-75

图 3-76

强化训练

1.项目名称

制作飞机飞行效果

2.项目分析

在观察运动的物体时，根据近大远小的原则，可以看到物体由小至大再变小。通过关键帧制作不同的状态效果；通过色彩效果调整对象的透明度，使变化效果更加自然，符合实际运动轨迹。

3.项目效果

项目效果如图3-77、图3-78所示。

图 3-77

图 3-78

4.操作提示

①导入本章素材文件，调整至合适大小与位置。

②创建图形元件，添加关键帧并调整关键帧状态。

③创建传统补间动画。

第 **4** 章

图形的
绘制

内容导读

　　学习了Animate的时间轴、元件等相关知识后，接下来学习绘图工具的使用方法及绘制技巧。本章将对图形的绘制与编辑工具及方法进行介绍，包括辅助工具的应用、绘图工具的应用、填充与描边的设置、图形对象的编辑等。

要点难点

- 了解辅助绘图工具的用法
- 学会使用绘图工具
- 学会填充颜色
- 学会编辑图形对象
- 了解修饰图形对象的方法

4.1 常用的辅助工具 ///////////////////

利用标尺、网格、辅助线等辅助工具可以对某些对象进行精确定位，从而使画面更加整洁。本节将对这三种工具的使用与设置进行介绍。

4.1.1 标尺

执行"视图"|"标尺"命令或按Ctrl+Alt+Shift+R组合键，即可打开标尺，如图4-1所示。舞台的左上角是标尺的零起点。再次执行"视图"|"标尺"命令或按相应的组合键，可将标尺隐藏。

标尺的度量单位默认与文档的一致，用户也可以根据使用习惯更改其度量单位。执行"修改"|"文档"命令，打开"文档设置"对话框，在该对话框中设置单位即可，如图4-2所示。

> 💡 **操作技巧**
>
> 若选择"贴紧至网格"复选框，则可以紧贴水平和垂直网格线绘制图形，即使网格不可见，也将紧贴网格线绘制图形。

图 4-1

图 4-2

4.1.2 网格

执行"视图"|"网格"|"显示网格"命令或按Ctrl+'组合键，即可显示网格，如图4-3所示。再次执行该命令，可将网格隐藏。

若想对网格的属性进行编辑，可以执行"视图"|"网格"|"编辑网格"命令或按Ctrl+Alt+G组合键，打开"网格"对话框设置参数，如图4-4所示。在该对话框中可以对网格的颜色、间距和对齐精确度等进行设置，以满足不同用户的需求。

图 4-3

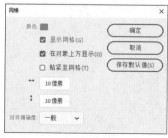

图 4-4

4.1.3　辅助线

标尺是创建辅助线的前提条件。显示标尺后，在水平标尺或垂直标尺上按住鼠标左键向舞台拖动，即可添加辅助线，辅助线的默认颜色为#58FFFF，如图4-5所示。执行"视图"|"辅助线"|"显示辅助线"命令或按Ctrl+;组合键，可以切换辅助线的显示或隐藏状态。

若想对辅助线进行编辑修改，如调整辅助线颜色、锁定辅助线和贴紧至辅助线等，可以执行"视图"|"辅助线"|"编辑辅助线"命令，打开"辅助线"对话框进行设置，如图4-6所示。

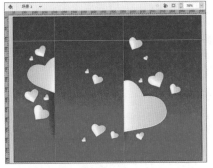

图 4-5

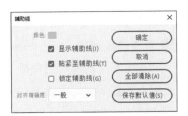

图 4-6

操作技巧

选中辅助线并将其拖曳至标尺上可删除单个辅助线；用户也可以执行"视图"|"辅助线"|"清除辅助线"命令删除当前场景中的所有辅助线。

4.2　选择对象工具

使用选择工具可以选择图形，以便进行后续的编辑操作。常用的选择工具包括"选择工具"▶、"部分选取工具"▷、"套索工具"♀等。下面将对常用的选择工具进行介绍。

4.2.1　选择工具

"选择工具"▶是最常用的一种工具。当用户要选择单个或多个整体对象时，包括形状、组、文字、实例和位图等，都可以使用"选择工具"▶。

1.选择单个对象

单击工具栏中的"选择工具"▶按钮或按V键，切换至"选择工具"▶，在要选择的对象上单击即可选中该对象。

2.选择多个对象

选取一个对象后，按住Shift键依次单击每个要选取的对象，即可选择多个对象，如图4-7所示。用户也可以在空白区域按住鼠标左键拖曳出一个矩形范围，从而选择矩形范围内的对象，如图4-8所示。

图 4-7	图 4-8

3. 双击选择图形

使用"选择工具" ▶，在对象上双击鼠标左键即可将其选中。若在线条上双击鼠标，则可以将颜色相同、粗细一致、连在一起的线条同时选中。

4. 取消选择对象

若想取消对所有对象的选择，可以使用鼠标单击工作区的空白区域；若需要在已经选择的多个对象中取消对某个对象的选择，可以按住Shift键的同时单击该对象。

5. 移动对象

选中对象后，按住鼠标左键拖动即可移动对象。

6. 修改形状

在修改外框线条之前必须取消对该对象的选择。将鼠标移至两条线的交角处，当鼠标指针变为 ⌐ 形状时，按住鼠标左键拖曳，则可以拉伸线的交点，如图4-9所示。若将鼠标指针移至线条附近，当鼠标指针变为 ⌐ 形状时，按住鼠标左键拖曳，则可以变形线条，如图4-10所示。

图 4-9	图 4-10

4.2.2 部分选取工具

"部分选取工具" ▷用于选择矢量图形上的锚点，并对锚点作出拖曳或调整路径方向等操作。单击工具栏中的"部分选取工具"按钮▷或者按A键，即可切换至"部分选取工具" ▷。在使用"部分选取工具"时，不同的情况下鼠标的指针形状也不同。

● 当鼠标指针移到某个锚点上，鼠标指针变为 形状时，按住
鼠标左键拖动可以改变该锚点的位置。

● 当鼠标指针移到没有节点的曲线上，鼠标指针变为 形状
时，按住鼠标左键拖动可以移动图形的位置。

● 当鼠标指针移到锚点的调节柄上，鼠标指针变为 形状时，
按住鼠标左键拖动可以调整与该锚点相连的线段的弯曲效果。

4.2.3 套索工具组

套索工具组中包括三种选择工具："套索工具" 、"多边形工
具" 和"魔术棒" 。该组中的工具可用于选取不规则的物体。
下面将对这三种工具进行介绍。

1. 套索工具

"套索工具" 用于选择打散对象的某一部分。选择"套索工
具" 后按住鼠标左键拖曳圈出要选择的范围，释放鼠标左键后
Animate会自动选取套索工具圈定的封闭区域，如图4-11、图4-12所
示。当线条没有封闭时，Animate将用直线连接起点和终点，自动闭
合曲线。

图 4-11

图 4-12

2. 多边形工具

"多边形工具" 用于比较精确地选取不规则图形。选择"多边
形工具" ，在舞台中单击确定端点，完成后移动鼠标至起始处双
击，形成一个多边形，即选择的范围，如图4-13、图4-14所示。

图 4-13

图 4-14

3. **魔术棒**

"魔术棒" 🪄 主要用于选取位图的部分区域。导入位图对象后，按Ctrl+B组合键打散位图对象，选择"魔术棒" 🪄，在"属性"面板中设置合适的参数，在位图上单击即可选中与单击点颜色类似的区域，如图4-15、图4-16所示。

图 4-15   图 4-16

4.3 常见的绘图工具

通过绘图工具，可以便捷地绘制各种矢量图形。Animate中常用的绘图工具包括"线条工具" ╱、"铅笔工具" ✎、"矩形工具" ▢、"椭圆工具" ◉、"画笔工具" ✍、"钢笔工具" ✒ 等。下面将对常用的绘图工具进行介绍。

4.3.1 线条工具

"线条工具" ╱ 可用于绘制多种类型的直线段。选择工具栏中的"线条工具" ╱，在舞台中按住鼠标左键拖曳，达到需要的长度和斜度后释放鼠标即可创建直线段。使用"线条工具" ╱ 可以绘制出各种直线图形（见图4-17），并且可以在"属性"面板中对直线的样式、粗细程度和颜色等进行设置，如图4-18所示。

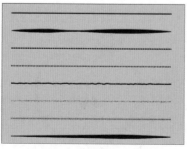

图 4-17

图 4-18

线条工具 "属性"面板中部分常用选项的作用如下。

- **笔触■**: 用于设置所绘线段的颜色。用户可以通过设置"笔触Alpha" 100% 值调整笔触颜色的不透明度。

- **笔触大小**: 用于设置线段的粗细。

- **样式**: 用于设置线段的样式,如实线、虚线、点状线等。单击"样式"下拉列表框右侧的"样式选项"按钮 ···,在弹出的菜单中执行"编辑笔触样式"命令,将打开"笔触样式"对话框,如图4-19所示。在该对话框中可以对线条的类型等属性进行设置。

图 4-19

- **宽**: 用于选择预设的宽度配置文件。

- **缩放**: 用于设置在播放器中笔触缩放的类型。

- **提示**: 选中该复选框,可以将笔触锚记点保持为全像素,防止出现模糊线。

- **端点**: 用于设置线条端点的形状,包括"平头端点"■、"圆头端点"■和"矩形端点"■三个选项。

- **接合**: 用于设置线条之间的连接形状,包括"尖角连接"■、"斜角连接"■和"圆角连接"■三个选项。

4.3.2 铅笔工具

"铅笔工具" ✐用于绘制和编辑自由线段。选择工具栏中的"铅笔工具" ✐,在舞台上单击并按住鼠标拖曳即可绘制出线条,如图4-20所示。若想绘制平滑或者伸直的线条,可以在工具栏下方的选项区域中设置铅笔模式,如图4-21所示。

这三种铅笔模式的作用分别如下。

- **伸直** ⤵: 选择该绘图模式,当绘制出近似的正方形、圆、直线或曲线等图形时,Animate将根据它的判断调整成规则的几何形状。

> **操作技巧**
>
> 在绘制直线时,按住Shift键可以绘制水平线、垂直线和45°斜线;按住Alt键,则可以绘制任意角度的直线。
>
> 单击工具栏选项区域中的"对象绘制"按钮■,可以选择合并绘制模式或对象绘制模式。单击"对象绘制"按钮■时,线条工具处于对象绘制模式。

- **平滑** S：用于绘制平滑曲线。在"属性"面板中可以设置平滑参数。
- **墨水** ：用于随意地绘制各类线条。这种模式不对笔触进行任何修改。

操作技巧

用户也可以选中"铅笔工具"后在"属性"面板中设置铅笔模式。

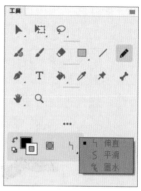

图 4-20   图 4-21

4.3.3 矩形工具

矩形工具组中包括"矩形工具" 和"基本矩形"工具 两种工具。下面将对这两种工具进行详细介绍。

1. 矩形工具

"矩形工具" 用于绘制长方形和正方形。选择工具栏中的"矩形工具" ，或按R键切换至"矩形工具" ，在舞台中按住鼠标左键并拖曳，到达合适位置后释放鼠标即可绘制矩形。在绘制矩形的过程中，按住Shift键可以绘制正方形。图4-22、图4-23所示分别为绘制的长方形和正方形。

图 4-22   图 4-23

选择工具栏中的"矩形工具" ，在"属性"面板中可以对其属性进行设置，如图4-24所示。

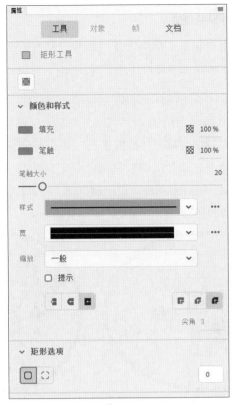

图 4-24

2. 基本矩形工具

　　"基本矩形工具" ■ 的作用类似于"矩形工具" ■，但是前者会将形状直接绘制为独立的对象。创建基本形状后，选择舞台上的形状，在"属性"面板中可以调整参数更改选中对象的半径和尺寸等属性。

　　长按矩形工具组■，在弹出的菜单中选择"基本矩形工具" ■，在舞台上按住鼠标左键拖曳即可绘制基本矩形，此时绘制的矩形有四个节点，用户可以直接拖动节点或在"属性"面板的"矩形选项"区域中设置参数，设置圆角效果，如图4-25、图4-26所示。

知识拓展

　　使用"基本矩形工具" ■ 绘制基本矩形时，按↑键和↓键可以改变圆角的半径。若想单独更改某个边角效果，可以选中基本矩形后，在"属性"面板的"矩形选项"区域中单击"单个矩形边角半径"按钮 ◐，在右侧的文本框中输入数值即可。

图 4-25

图 4-26

　　基本矩形创建后，用户可以使用"选择工具" ▶ 选择绘制好的基本矩形，在"属性"面板中修改其形状或指定填充和笔触颜色。

4.3.4　椭圆工具

椭圆工具组中包括"椭圆工具" 和"基本椭圆工具" ● 两种工具。下面对这两种工具进行详细介绍。

1. 椭圆工具

"椭圆工具" ● 可用于绘制正圆或者椭圆。选择工具栏中的"椭圆工具" ● 或按O键切换至"椭圆工具" ● ，在舞台中按住鼠标左键并拖曳，到达合适位置后释放鼠标即可绘制椭圆。在绘制椭圆之前或绘制过程中，按住Shift键可以绘制正圆。图4-27、图4-28所示分别为绘制的椭圆和正圆。

图 4-27

图 4-28

选中"椭圆工具" ● ，在"属性"面板中，同样可以对椭圆工具的填充和笔触等属性进行设置，如图4-29所示。在"属性"面板的"椭圆选项"区域中，还可以设置椭圆的开始角度、结束角度和内径等参数，以制作出扇形、圆环等图形。

"椭圆选项"区域中各选项的作用如下。

- **开始角度和结束角度**：用于绘制扇形及其他有创意的图形。
- **内径**：取值范围为0～99。为0时绘制的是填充的椭圆；为99时绘制的是只有轮廓的椭圆；为中间值时，绘制的是内径大小不同的圆环。

图 4-29

- **闭合路径：** 用于决定图形是否闭合。
- **重置：** 单击该按钮将重置椭圆工具的所有参数为默认值。

② 基本椭圆工具

长按"椭圆工具组" ◉，在弹出的菜单中选择"基本椭圆工具" ◉，在舞台上按住鼠标左键拖曳即可绘制基本椭圆。若按住Shift键拖动鼠标，释放鼠标后将绘制正圆。

使用"基本椭圆工具" ◉绘制的图形有节点，用户可以直接拖动节点或在"属性"面板的"椭圆选项"区域中设置参数，如图4-30所示，即可改变形状，制作出趣味图形，如图4-31所示。

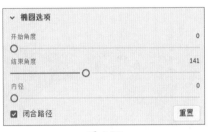

图 4-30

图 4-31

> 🔍 **知识拓展**
>
> 用"基本矩形工具" ▦和"基本椭圆工具" ◉创建的图形可以通过分离命令（选中后按Ctrl+B组合键）得到普通矩形和椭圆。

课堂练习 绘制云朵造型

通过基本图形的组合，可以制作出复杂的图像效果。下面将以云朵造型的绘制为例，对"椭圆工具" ◉等工具的应用进行介绍。

步骤 01 新建一个400像素×300像素的空白文档，在"属性"面板中设置舞台颜色为#6699FF，如图4-32所示。

步骤 02 选择工具栏中的"椭圆工具" ◉，在"属性"面板中设置"填充"为白色，"笔触"为无，按住Shift键在舞台中绘制正圆，如图4-33所示。

图 4-32

图 4-33

步骤 03 使用相同的方法，继续绘制正圆，如图4-34、图4-35所示。

图 4-34

图 4-35

步骤 04 至此，完成云朵造型的绘制。用户还可以通过不同的排列方式，绘制出其他造型的云朵，如图4-36、图4-37所示。

图 4-36

图 4-37

4.3.5 多角星形工具

"多角星形工具" ◉用于在舞台中绘制多边形或多角星。选中工具栏中的"多角星形工具" ◉，在"属性"面板中设置多角星形的参数，如图4-38所示。设置完成后在舞台上按住鼠标左键拖动即可创建图形，如图4-39所示。

"属性"面板的"工具选项"区域中各选项的作用如下。

- **样式：** 用于选择绘制星形或多边形。
- **边数：** 用于设置形状的边数。
- **星形顶点大小：** 用于改变星形形状。星形顶点大小只针对星形样式，输入的数字越接近0，创建的顶点就越深。若是绘制多边形，则一般保持默认设置。

图 4-38

图 4-39

学习笔记

4.3.6　画笔工具

　　画笔工具组中包括"传统画笔工具"、"流畅画笔工具"和"画笔工具"三种工具。这三种画笔工具的作用类似，都可以绘制任意形状的图形。但不同的是，"传统画笔工具"绘制的形状是色块；"流畅画笔工具"与Adobe Fresco相同，并且具有更多用于配置线条样式的选项；而"画笔工具"可以通过沿绘制路径应用所选艺术画笔的图案，绘制出风格化的画笔笔触。下面将对这三种画笔工具进行介绍。

1. 传统画笔工具

　　"传统画笔工具"主要用于绘制色块，用户可以根据需要自定义画笔，制作更为丰富的效果。

　　选中工具栏中的"传统画笔工具" ✐或按B键切换至"传统画笔工具" ✐，在"属性"面板中设置其属性，如图4-40所示。设置完成后，在舞台上拖动鼠标即可绘制需要的图形。

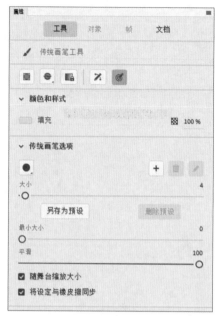

图 4-40

　　传统画笔工具✐"属性"面板中部分选项的作用如下。

　　1）画笔模式 ●.

　　该选项用于设置画笔模式，包括"标准绘画""颜料填充""后面绘画""颜料选择"和"内部绘画"五种模式。这五种画笔模式的作用分别如下。

- **标准绘画**：使用该模式绘图，在笔刷经过的地方，线条和填充全部被笔刷填充所覆盖。
- **颜料填充**：使用该模式只能对填充部分或空白区域填充颜色，不会影响对象的轮廓。
- **后面绘画**：使用该模式可以在舞台上同一层中的空白区域填充颜色，不会影响对象的轮廓和填充部分。
- **颜料选择**：必须先选择一个对象，然后使用传统画笔工具为该对象所在的范围填充（选择的对象必须是打散后的对象）。
- **内部绘画**：该模式分为三种状态。当传统画笔工具的起点和结束点都在对象的范围以外时，传统画笔工具填充空白区域；当起点和结束点有一个在对象的填充部分以内时，则填充传统画笔工具所经过的填充部分（不会对轮廓产生影响）；当传统画笔工具的起点和结束点都在对象的填充部分以内时，则填充传统画笔工具所经过的填充部分。

2）画笔形状 ●

该选项用于选择画笔形状，如图4-41所示为Animate软件中自带的画笔形状。单击"画笔形状"●右侧的"添加自定义画笔形状"按钮＋将打开"笔尖选项"对话框，如图4-42所示。在该对话框中设置参数后，单击"确定"按钮即可按照设置添加画笔形状。

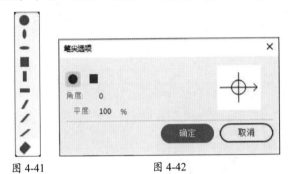

图 4-41　　　　　　　图 4-42

若想删除自定义画笔，选中要删除的画笔后单击"删除自定义画笔形状"按钮 📑即可，此操作不可逆。若想对选中的画笔形状进行设置，可以单击"编辑自定义画笔形状"按钮 ✐打开"笔尖选项"对话框进行设置。

2. 流畅画笔工具

"流畅画笔工具" ✍是基于GPU（图形处理器）的矢量画笔，该类画笔具有更多配置线条样式的选项。图4-43所示为选择流畅画笔工具时的"属性"面板。

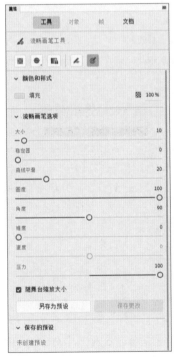

图 4-43

其中，部分选项的作用如下。

● **稳定器：** 用于避免绘制笔触时出现轻微的波动和变化。

● **曲线平滑：** 用于设置曲线平滑度。数值越高，绘制笔触后生成的总体控制点数量越少。

● **速度：** 用于设置线条的绘制速度，从而确定笔触的外观。

● **压力：** 用于设置压力值以根据画笔的压力调整笔触。

3. 画笔工具

"画笔工具" ✎ 可以使用类似于Illustrator软件中常用的艺术画笔和图案画笔，绘制出风格化的画笔笔触，如图4-44、图4-45所示。

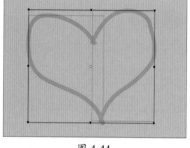

图 4-44

图 4-45

选择工具栏中的"画笔工具" ✎，在"属性"面板中可以对其属性参数进行设置，如图4-46所示。

图 4-46

选择画笔工具✎时"属性"面板中部分选项的作用如下。

● **对象绘制** ▣：用于设置是否采用对象绘制模式。

● **样式选项** ⋯：单击该按钮，在弹出的快捷菜单中执行"画笔

库"命令可打开"画笔库"对话框,如图4-47所示。从中选择
合适的画笔双击,即可将其添加至选中的对象。添加画笔笔触
后,单击"样式选项"按钮 ••• 将打开"画笔选项"对话框,
如图4-48所示。在该对话框中可以对画笔笔触进行设置。

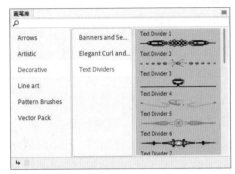

图 4-47

图 4-48

> **知识拓展**
>
> 将"画笔库"面板中的画
> 笔添加到文档后,便可以使用
> 画笔、钢笔、线条、矩形、椭
> 圆形等工具(铅笔工具除外,
> 它只列出基本的笔触样式)应
> 用它们。

4.3.7 钢笔工具

钢笔工具组中包括"钢笔工具" ✐ 、"添加锚点工具" ✎ 、"删
除锚点工具" ✐ 和"转换锚点工具" ⌐ 。其中,"钢笔工具" ✐ 可以
绘制出平滑精确的直线或曲线,其他三种工具主要是作为"钢笔工
具" ✐ 的辅助工具帮助绘图。

单击工具栏中的"钢笔工具"按钮 ✐ 或按P键,即可切换至"钢
笔工具"。"钢笔工具" ✐ 可以精确地控制绘制的图形,并很好地控
制绘制的节点、节点的方向点等,因此备受广大设计人员的喜爱。

下面将对钢笔工具组中工具的一些操作进行介绍。

1. 画直线

选择"钢笔工具" ✐后，每单击一下鼠标，就会产生一个锚点，且与前一个锚点自动用直线连接。在绘制的同时，若按住Shift键，则将线段方向约束为45°的倍数。图4-49所示为使用"钢笔工具"绘制的直线。

2. 画曲线

绘制曲线是"钢笔工具" ✐最强大的功能。添加新的线段时，在某一位置按住鼠标左键拖曳，则新的锚点与前一锚点用曲线相连，并且会显示控制曲率的切线控制点。图4-50所示为使用"钢笔工具" ✐绘制的曲线。

操作技巧

若将"钢笔工具" ✐移至曲线起始点处，当指针变为 形状时单击鼠标，即可闭合曲线，并填充默认的颜色。

图 4-49

图 4-50

3. 曲线点与转角点转换

若要将转角点转换为曲线点，可以使用"部分选取工具" ▷选择该点，然后按住Alt键拖动该点来调整切线手柄；若要将曲线点转换为转角点，使用"钢笔工具"单击该点即可。

4. 添加锚点

使用钢笔工具组中的"添加锚点工具" ✐，可以在曲线上添加锚点，制作出更加复杂的曲线。选中钢笔工具组中的"添加锚点工具" ✐，移动鼠标指针至要添加锚点的位置，待鼠标指针变为 形状时，单击鼠标即可添加锚点。

5. 删除锚点

删除锚点与添加锚点正好相反，选择"删除锚点工具" ✐后，移动鼠标指针至要删除的锚点上，待鼠标指针变为 形状时，单击鼠标即可删除该锚点。

6. 转换锚点

使用"转换锚点工具" ⌐，可以转换曲线上的锚点类型。当鼠标指针变为 形状时，移动鼠标指针至曲线上需操作的锚点，单击鼠标，即可将曲线点转换为转角点，如图4-51、图4-52所示。选中转角点拖曳，即可将转角点转换为曲线点。

图 4-51

图 4-52

4.4 颜色填充工具

通过"颜料桶工具" 、"墨水瓶工具" 等颜色填充工具，可以为对象添加丰富的填充效果。下面将对软件中的颜色填充工具进行介绍。

4.4.1 颜料桶工具

"颜料桶工具" 用于为工作区内有封闭区域的图形填色，包括空白区域或已有颜色的区域。通过设置，"颜料桶工具" 还可以为一些没有完全封闭的图形区域填充颜色。

选择工具栏中的"颜料桶工具" 或者按K键，即可切换至"颜料桶工具" 。此时，工具栏中的选项区域中显示"锁定填充"按钮 和"间隙大小"按钮 。若单击"锁定填充"按钮 ，则当使用渐变填充或者位图填充时，可以将填充区域的颜色变化规律锁定，作为这一填充区域周围的色彩变化规范。

单击"间隙大小"按钮 右下角的小三角形，在弹出的下拉菜单中可以选择用于设置空隙大小的四种模式，如图4-53所示。

图 4-53

这四种模式的作用分别如下。

● **不封闭空隙**：选择该命令，只填充完全闭合的空隙。

● **封闭小空隙**：选择该命令，可填充具有小缺口的区域。

● **封闭中等空隙**：选择该命令，可填充具有中等缺口的区域。

● **封闭大空隙**：选择该命令，可填充具有较大缺口的区域。

🔍 **知识拓展**

双击最后绘制的锚点，可以结束开放曲线的绘制，也可以按住Ctrl键单击舞台中的任意位置结束绘制；要结束闭合曲线的绘制，可以移动鼠标指针至起始锚点位置，当鼠标指针变为 形状时在该位置单击，即可闭合曲线并结束绘制操作。

4.4.2　墨水瓶工具

"墨水瓶工具" 🖋 用于设置当前线条的基本属性，包括调整当前线条的颜色（不包括渐变和位图）、尺寸和线型等，或者为填充色添加描边。"墨水瓶工具" 🖋 只影响矢量图形。下面将对"墨水瓶工具" 🖋 进行介绍。

1. 为填充色描边

选择工具栏中的"墨水瓶工具" 🖋 或按S键切换至"墨水瓶工具" 🖋，在"属性"面板中设置笔触参数，移动鼠标指针至舞台区域，在需要描边的填充色上单击，即可为图形描边。图4-54、图4-55所示为描边前后的效果。

图 4-54

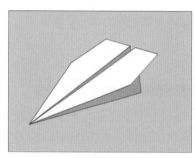

图 4-55

2. 为文字描边

选择"墨水瓶工具" 🖋，在"属性"面板中设置笔触参数，在分离（Ctrl+B组合键）的文字上方单击，即可为文字添加描边。图4-56、图4-57所示为描边前后的效果。

图 4-56

图 4-57

4.4.3　滴管工具

"滴管工具" 🖋 用于从舞台中的对象上拾取对象的属性，并应用于其他对象，类似于格式刷。下面将对"滴管工具" 🖋 的应用进行介绍。

1. 提取填充色属性

选择工具栏中的"滴管工具" 🖋 或按I键切换至"滴管工具" 🖋，

当鼠标指针靠近填充色时单击，即可获得该填充色的属性，此时鼠标指针变成颜料桶的样子，单击另一个填充色，即可赋予这个填充色吸取的填充色属性。

2. 提取线条属性

选择"滴管工具" ✐，当鼠标指针靠近线条时单击，即可获得所选线条的属性，此时鼠标指针变成墨水瓶的样子，单击另一个线条，即可赋予这个线条吸取的线条属性。

3. 提取渐变填充色属性

选择"滴管工具" ✐，在渐变填充色上单击，提取渐变填充色，然后在另一个区域中单击，即可应用提取的渐变填充色。

4. 位图转换为填充色

除了可以吸取位图中的某个颜色外，"滴管工具" ✐还可以将整幅图片作为元素，填充到图形中。选择图像并按Ctrl+B组合键将其分离，选择"滴管工具" ✐，移动鼠标指针至分离图像上单击，吸取属性，如图4-59所示。然后选择绘制的图形，单击即可为绘制的图形填充图像，如图4-60所示。

图 4-59

图 4-60

课堂练习 **为图案填色**

颜色可以使对象焕发新的光彩，呈现出独特的魅力。下面将以水果造型颜色的填充为例，对颜色填充工具的应用进行介绍。

步骤 **01** 打开本章素材文件"填充颜色素材.fla"，效果如图4-61所示。

步骤 **02** 在工具栏中设置笔触为#567D37，选择"墨水瓶工具" ✐在最外层描边上单击，修改其描边色，如图4-62所示。

步骤 **03** 在工具栏中设置填充色为#9AC756，选择"颜料桶工具" ✐在图像的合适位置单击填充颜色，如图4-63所示。

步骤 **04** 在工具栏中设置填充色为#E5F266，继续选择"颜料桶工具" ✐在图像的合适位置单击填充颜色，如图4-64所示。

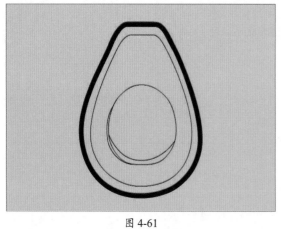

图 4-61

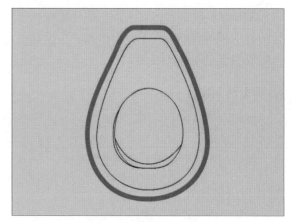

图 4-62

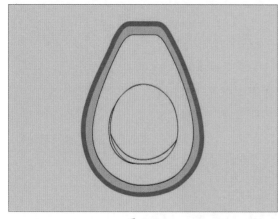

图 4-63

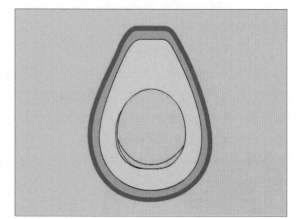

图 4-64

步骤 05 在工具栏中设置填充色为#6A473A，选择"颜料桶工具" ⏺ 在图像果核位置处单击填充颜色，如图4-65所示。

步骤 06 在工具栏中设置填充色为#5D3F32，选择"颜料桶工具" ⏺ 在图像果核的阴影位置处单击填充颜色，如图4-66所示。

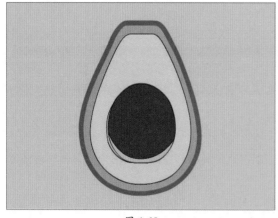

图 4-65

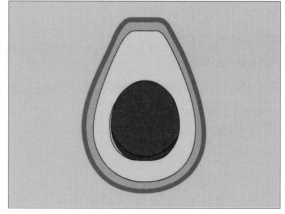

图 4-66

步骤 07 在工具栏中设置填充色为#CAD55A，选择"颜料桶工具"在图像果核的投影位置单击填充颜色，如图4-67所示。

步骤 08 按住Shift键选择黑色描边，按Delete键删除，效果如图4-68所示。

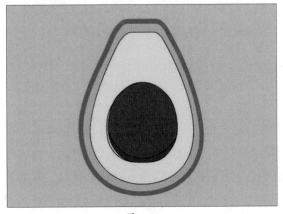

图 4-67

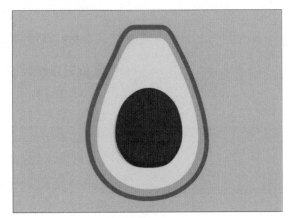

图 4-68

至此，完成水果造型颜色的填充。

4.5 编辑图形对象

通过编辑工具或编辑命令，可以修改图形，得到更符合需求的效果。常用的编辑工具和编辑命令包括"任意变形工具"、"渐变变形工具"、"骨骼工具"、"橡皮擦工具"、"宽度工具"、"合并对象"命令等。下面将对此进行介绍。

4.5.1 任意变形工具

"任意变形工具"用于对对象进行扭曲、旋转、倾斜等操作，使对象发生变形。选中绘制的对象，单击工具栏中的"任意变形工具"，在工具栏下方的选项区域将出现五个按钮："任意变形"按钮、"旋转与倾斜"按钮、"缩放"按钮、"扭曲"按钮以及"封套"按钮，如图4-69所示。下面将对这些按钮的作用进行介绍。

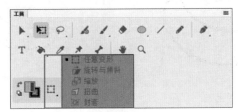

图 4-69

1. 任意变形对象

使用"任意变形"按钮既可以对对象进行旋转和倾斜操作，

还可以缩放对象。选中对象，选择"任意变形工具" ，单击"任意变形"按钮 ，将鼠标靠近对象角点，当鼠标指针变为 形状时，按住鼠标左键拖动可旋转对象；将鼠标移动至对象控制点，按住鼠标左键拖动可缩放对象；将鼠标移动至控制框的四边，当鼠标指针变为 或 形状时，按住鼠标左键拖动可倾斜对象。

2. 旋转与倾斜对象

使用"旋转与倾斜"按钮 可以对对象进行旋转和倾斜操作。选中对象，选择"任意变形工具" ，单击"旋转与倾斜"按钮 ，对象四周会显示控制点，移动鼠标至任意一个角点，当鼠标指针变为 形状时，拖动鼠标即可旋转选中的对象，如图4-70所示。将鼠标指针移至任意一边的中点，当鼠标指针变为 或 形状时，拖动鼠标即可在垂直或水平方向上倾斜选中的对象，如图4-71所示。

学习笔记

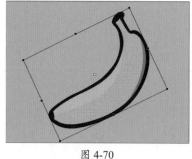
图 4-70

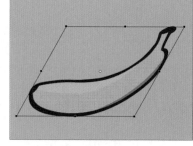
图 4-71

3. 缩放对象

使用"缩放"按钮 既可以分别在垂直或水平方向上缩放对象，还可以在垂直和水平方向上同时缩放对象。选中要缩放的对象，选择"任意变形工具" ，单击"缩放"按钮 ，对象四周会显示控制点，拖动对象某条边上的中点可将对象垂直或水平缩放，拖动某个角点则可以使对象在垂直和水平方向上同时缩放。图4-72、图4-73所示分别为缩放前后的效果。

图 4-72

图 4-73

4. 扭曲对象

使用"扭曲"按钮 可以对图形进行扭曲变形，增强图形的透视效果。选择"任意变形工具" ，单击"扭曲"按钮 ，移动鼠标至选定对象上，当鼠标指针变为▷形状时，拖动边框上的角控制点或边控制点即可移动角或边，如图4-74、图4-75所示。

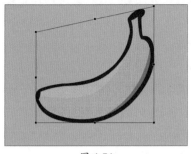

图 4-74

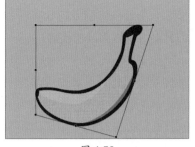

图 4-75

5. 封套对象

选择"封套"按钮◎可以任意修改图形形状，弥补了扭曲在某些局部无法达到的变形效果。

选中对象，选择"任意变形工具"▧，单击"封套"按钮◎，在对象的四周会显示若干控制点和切线手柄，拖动这些控制点及切线手柄，即可修改对象的形状。封套把图形"封"在里面，更改封套的形状会影响该封套内对象的形状。用户可以通过调整封套的点和切线手柄来编辑封套形状，如图4-76、图4-77所示。

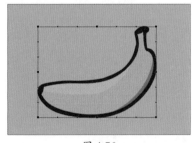

图 4-76

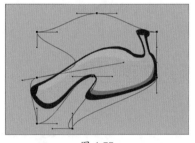

图 4-77

4.5.2 渐变变形工具

"渐变变形工具"▧用于调整图形中的渐变效果。选中舞台中的渐变对象，长按工具栏中的"任意变形工具"▧，在弹出的菜单中选择"渐变变形工具"▧，舞台中将显示选中对象的控制点，在舞台中按住鼠标左键进行调节即可，如图4-78、图4-79所示。

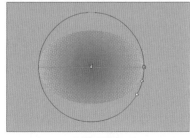

图 4-78

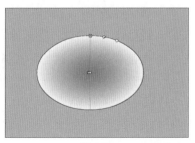

图 4-79

4.5.3　骨骼工具

"骨骼工具" 可以使用骨骼对对象进行动画处理，这些骨骼按父子关系连接成线性或枝状的骨架。当一个骨骼移动时，与其连接的骨骼也发生相应的移动。

选中工具栏中的"骨骼工具"，沿对象结构按住鼠标左键拖动添加骨骼，松开鼠标即可创建一个节点，再次按住鼠标左键从节点拖动继续创建节点，如图4-80所示。使用"选择工具"调整骨骼节点，即可改变对象的造型，如图4-81所示。

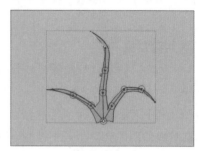

图 4-80　　　　　　　　　　　　图 4-81

4.5.4　橡皮擦工具

"橡皮擦工具" ◆用于擦除文档中绘制的图形对象的多余部分，得到需要的效果。选中"橡皮擦工具" ◆，在工具栏的选项区域单击"橡皮擦模式"按钮◯，在弹出的菜单中可以选择橡皮擦模式，如图4-82所示。

图 4-82

这五种模式的作用如下。

● **标准擦除**◯：选择该模式，将只擦除同一层上的笔触和填充。

● **擦除填色**◯：选择该模式，将只擦除填色，其他区域不受影响。

● **擦除线条**◯：选择该模式，将只擦除笔触，不影响其他内容。

● **擦除所选填充**◯：选择该模式，将只擦除当前选定的填充。

● **内部擦除**◯：选择该模式，将只擦除橡皮擦笔触开始处的填充。

选中工具栏中的"橡皮擦工具" ◆，在工具栏的选项区域中选择"标准擦除"模式◯，按住鼠标左键在需要擦除的地方拖动即可擦除经过的对象区域。图4-83、图4-84所示分别为擦除前后的效果。

图 4-83

图 4-84

4.5.5　宽度工具

　　"宽度工具" ✎用于通过改变笔触的粗细度来调整笔触效果。使用任意绘图工具绘制笔触或形状，选中"宽度工具" ✎，移动鼠标至笔触上，即可显示潜在的宽度点数和宽度手柄，选定宽度点数拖动宽度手柄，即可增加笔触可变宽度，如图4-85、图4-86所示。

图 4-85

图 4-86

4.5.6　合并对象

　　执行"修改"|"合并对象"菜单中的"联合""交集""打孔""裁切"等子命令，可以通过处理现有对象来创建新形状。下面将对此进行介绍。

1. 删除封套

　　执行"修改"|"合并对象"|"删除封套"命令，可以删除图形中使用的封套。图4-87、图4-88所示分别为删除封套前后的效果。

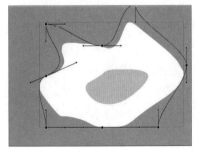

图 4-87

图 4-88

2. 联合对象

执行"修改"|"合并对象"|"联合"命令，可以将两个或多个形状合成一个对象来绘制图形，该图形由联合前形状上所有可见的部分组成，形状上不可见的重叠部分将被删除。图4-89、图4-90所示分别为联合前后的效果。

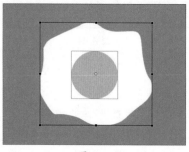

图 4-89　　　　　　　　　　　图 4-90

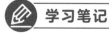

3. 交集对象

执行"修改"|"合并对象"|"交集"命令，可以将两个或多个形状重合的部分创建为新形状。该形状由合并的形状的重叠部分组成，形状上任何不重叠的部分都将被删除。生成的形状使用堆叠中最上面的形状的填充和笔触。图4-91所示为交集对象后的效果。

4. 打孔对象

执行"修改"|"合并对象"|"打孔"命令，可以删除所选对象的某些部分，删除的部分由所选对象的重叠部分决定。图4-92所示为打孔后的效果。

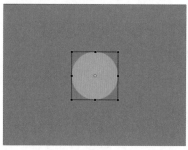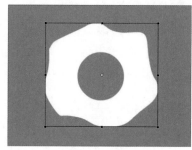

图 4-91　　　　　　　　　　　图 4-92

5. 裁切对象

执行"修改"|"合并对象"|"裁切"命令，可以使用一个对象的形状裁切另一个对象。用上面的对象定义裁切区域的形状。下层对象中与最上面的对象重叠的所有部分将被保留，而下层对象的所有其他部分及最上面的对象将被删除。图4-93、图4-94所示分别为裁切前后的效果。

图 4-93

图 4-94

4.5.7 组合和分离对象

组合对象可以方便用户同时处理多个对象,而分离对象可以将整体图形分离为可编辑的图形,便于用户操作。下面将对此进行介绍。

1. 组合对象

"组合"命令用于将选中的对象组成一个独立的整体,用户可以在舞台上任意拖动组而保持组中对象变化一致。一个组合中可以包含多个组合及多层次的组合。组合后的图形可以与其他图形或组再次组合,得到更加复杂的多层组合图形。

选中对象后执行"修改"|"组合"命令,或按Ctrl+G组合键即可将选择的对象编组。图4-95、图4-96所示分别为组合前后的效果。

图 4-95

图 4-96

2. 分离对象

"分离"命令与"组合"命令的作用相反。它可以分离已有的整体图形，使其换转为可编辑的矢量图形，方便用户对其进行编辑。在制作变形动画时，需用"分离"命令将图形的组合、位图、文字或组件转变成图形。

执行"修改"|"分离"命令，或按Ctrl+B组合键，即可分离选择的对象。图4-97、图4-98所示分别为文字分离前后的效果。

图 4-97

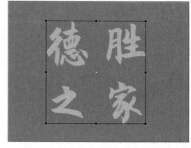

图 4-98

4.5.8 对齐与分布对象

"对齐"与"分布"命令可以帮助用户对所选图形的相对位置进行调整，从而使舞台中的画面清晰整洁。选中对象，执行"修改"|"对齐"命令，在弹出的菜单中选择子命令，即可完成相应的操作。

用户也可以执行"窗口"|"对齐"命令或者按Ctrl+K组合键，打开"对齐"面板进行对齐和分布操作，如图4-99所示。

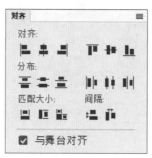

图 4-99

在"对齐"面板中，包括"对齐""分布""匹配大小""间隔"和"与舞台对齐"五个功能区。下面将对这五个功能区中各按钮的含义及应用进行介绍。

1. 对齐

对齐是指按照选定的方式排列对齐对象。在该功能区中，包括"左对齐" 、"水平中齐" 、"右对齐" 、"顶对齐" 、"垂直中齐" 以及"底对齐" 六个按钮。图4-100、图4-101所示分别为单击"垂直中齐"按钮前后的效果。

图 4-100

图 4-101

2. 分布

分布是指将间距不一的图形，均匀地分布在舞台中，使画面更加美观。在默认状态下，均匀分布图形将以所选图形的两端为基准，对其中的图形进行位置调整。

在该功能区中，包括"顶部分布"、"垂直居中分布"、"底部分布"、"左侧分布"、"水平居中分布"以及"右侧分布"六个按钮。图4-102、图4-103所示分别为单击"水平居中分布"按钮前后的效果。

图 4-102

图 4-103

3. 匹配大小

在该功能区中,包括"匹配宽度" ▣、"匹配高度" ▯、"匹配宽和高" ▥三个按钮。分别选择这三个按钮,可将选择的对象分别进行水平缩放、垂直缩放、等比例缩放,其中最左侧的对象是其他所选对象匹配的基准。

4. 间隔

间隔与分布有些相似,但是分布的间距标准是多个对象的同一侧,而间隔则是指相邻两对象的间距。在该功能区中,包括"垂直平均间隔" ▤和"水平平均间隔" ▥两个按钮。分别选择这两个按钮可使选择的对象在垂直方向或水平方向的间隔距离相等。图4-104、图4-105所示分别为单击"垂直平均间隔"按钮▤前后的效果。

图 4-104

图 4-105

5. 与舞台对齐

选中该复选框后，可使对齐、分布、匹配大小、间隔等操作以舞台为基准。

4.5.9 排列对象

"排列"命令可以调整同一图层中对象的顺序，制作出不同的画面效果。下面将对此进行介绍。

在同一图层中，对象按照创建的顺序分别位于不同的层次，最新创建的对象位于最上面，但用户可以根据需要更改对象的层叠顺序。执行"修改"|"排列"命令，在弹出的菜单中选择需要的子命令，如图4-106所示，即可调整所选图形的排列顺序。用户也可以选中舞台中的对象并右击，在弹出的快捷菜单中执行"排列"命令进行设置。

知识拓展

同一图层中画出来的线条和形状总是在组和元件的下面。若要将它们移到上面，就必须组合它们或者将它们变成元件。

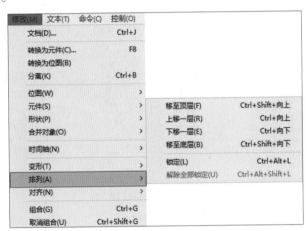

图 4-106

课堂练习 绘制背景图案

绘制对象的过程中，可以使用编辑工具和编辑命令进行调整。下面以树叶背景的绘制为例，对编辑图形对象的操作进行介绍。

步骤 01 新建一个550像素×400像素的文档，设置舞台颜色为#E9FFB8，如图4-107所示。

步骤 02 选择"钢笔工具"，在"属性"面板中选择"对象绘制模式" ，将笔触设置为#83C200，在舞台中绘制线段，如图4-108所示。

步骤 03 选中"宽度工具"，移动鼠标至线段上，按住鼠标拖动调整线段宽度，如图4-109所示。

步骤 04 使用相同的方法绘制线段并调整宽度，设置笔触为#699C06，制作叶柄，效果如图4-110所示。

图 4-107

图 4-108

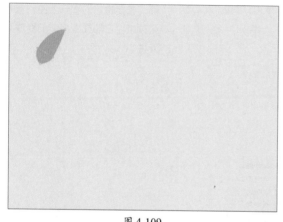

图 4-109

图 4-110

步骤 05 继续绘制叶脉部分，笔触颜色与叶柄处一致，效果如图4-111所示。

步骤 06 选中绘制的叶子，按Ctrl+G组合键将其组合，如图4-112所示。

图 4-111

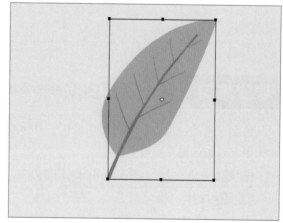

图 4-112

步骤 07 选中编组对象，按住Alt键拖曳复制，重复多次。单击"对齐"面板中的"水平居中分布"按钮，效果如图4-113所示。

步骤 08 使用相同的方法复制对象并调整，直至铺满整个页面，效果如图4-114所示。

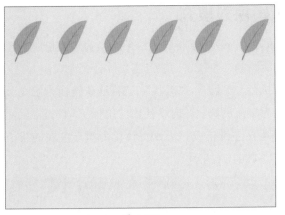

图 4-113

图 4-114

至此，完成树叶背景的绘制。

4.6 修饰图形对象

绘制图形后，用户还可以通过优化曲线、扩展填充等操作修饰图形对象，达到最佳的表现效果。下面将对此进行介绍。

4.6.1 优化曲线

优化操作可以减少用于定义曲线和填充的轮廓的曲线数量来平滑曲线。优化操作还可以减小文件的大小。

选中要优化的图形，执行"修改"|"形状"|"优化"命令，打开"优化曲线"对话框，如图4-115所示。在该对话框中设置参数并单击"确定"按钮，在弹出的提示框中单击"确定"按钮即可，如图4-116所示。

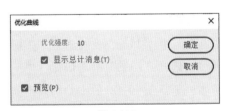

图 4-115

图 4-116

"优化曲线"对话框中各选项的作用如下。
● **优化强度：** 在文本框中输入数值设置优化强度。
● **显示总计消息：** 选中该复选框，在完成优化操作时，将弹出提示框。

4.6.2　将线条转换为填充

　　"将线条转换为填充"命令用于将矢量线条转换为填充色块。转换后，可以制作更加活泼的线条效果，缺点是文件会变大。

　　选中线条对象，执行"修改"|"形状"|"将线条转换为填充"命令，将外边线转换为填充色块。此时，使用"选择工具"，将鼠标移至线条附近，按住鼠标左键拖曳，可以将转化为填充色块的线条拉伸变形，如图4-117、图4-118所示。

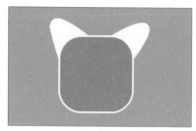

图 4-117　　　　　　　　　　　　图 4-118

4.6.3　扩展填充

　　"扩展填充"命令用于向内收缩或向外扩展对象。执行"修改"|"形状"|"扩展填充"命令，打开"扩展填充"对话框，如图4-119所示。在该对话框中设置参数即可对所选图形的外形进行修改。下面将对此进行介绍。

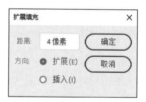

图 4-119

1. 扩展填充

　　扩展是指以图形的轮廓为界，向外扩展、放大填充。选中图形的填充颜色，执行"修改"|"形状"|"扩展填充"命令打开"扩展填充"对话框，在"方向"选项组中选择"扩展"单选按钮，单击"确定"按钮，填充色向外扩展。图4-120、图4-121所示分别为扩展前后的效果。

图 4-120　　　　　　　　　　　　图 4-121

2. 插入填充

　　插入是指以图形的轮廓为界，向内收紧、缩小填充。选中图形的填充颜色，执行"修改"|"形状"|"扩展填充"命令打开"扩展填充"对话框，在"方向"选项组中选择"插入"单选按钮，单击"确定"按钮，填充色向内收缩。图4-122、图4-123所示分别为插入前后的效果。

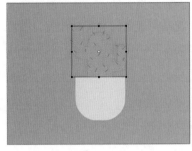
图 4-122

图 4-123

4.6.4　柔化填充边缘

　　"柔化填充边缘"命令类似于"扩展填充"命令，这两个命令都可以对图形的轮廓进行放大或缩小填充。不同的是，"柔化填充边缘"命令可以在填充边缘产生多个逐渐透明的图形层，形成边缘柔化的效果。

　　执行"修改"|"形状"|"柔化填充边缘"命令，在弹出的"柔化填充边缘"对话框中设置边缘柔化效果，如图4-124所示。完成后单击"确定"按钮，效果如图4-125所示。

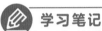

图 4-124

图 4-125

"柔化填充边缘"对话框中各选项的作用如下。
- **距离：** 用于设置边缘柔化的范围，单位为像素。值越大，柔化范围越宽。
- **步长数：** 用于设置柔化边缘生成的渐变层数。步长数越多，效果越平滑。
- **方向：** 用于设置边缘向内收缩或向外扩展。选择"扩展"单选按钮，则向外扩大柔化边缘；选择"插入"单选按钮，则向内缩小柔化边缘。

强化训练

1. 项目名称

制作萌宠头像

2. 项目分析

头像是社交账号中使用较为频繁的对象。现需制作一个可爱的卡通造型头像。选择卡通动物头部造型，大方可爱又不失童趣；配色上选择较为温暖的橙黄色系，既贴合现实，又有一种较为温暖的视觉感受。

3. 项目效果

项目效果如图4-126、图4-127所示。

图 4-126

图 4-127

4. 操作提示

①使用"椭圆工具"绘制头像主体，使用"钢笔工具""线条工具"等绘制细节。

②使用"部分选取工具"对头像进行调整。

③使用"颜料桶工具"进行填色。

第**5**章

文本工具的
应用

内容导读

　　文本可以更好地阐述设计作品的主题，清晰明了地展现设计者的设计理念与思想。本章将对文本的相关知识进行介绍，包括文本类型、文本的创建，以及文本的编辑等。通过对本章内容的学习，读者可以学会使用Animate中的文本工具并进行应用。

要点难点

- 了解文本的类型
- 学会创建文本
- 掌握文本样式的设置
- 了解文本变形
- 学会使用滤镜效果

5.1 文本的类型 //////////////////////

在Animate中可以创建静态文本、动态文本及输入文本三种类型的文本，以满足用户不同的需要。不同类型文本字段的标识也是不同的，具体介绍如表5-1所示。

表 5-1

文本类型	表现形式
扩展的静态水平文本	文本字段右上角显示圆形手柄
具有固定宽度的静态水平文本	文本字段右上角显示方形手柄
具有从右至左流向和扩展的静态垂直文本	文本字段左下角显示圆形手柄
具有从右向左流向和固定高度的静态垂直文本	文本字段左下角显示方形手柄
具有从左至右流向和扩展的静态垂直文本	文本字段右下角显示圆形手柄
具有从左至右流向和固定高度的静态垂直文本	文本字段右下角显示方形手柄
可扩展的动态或输入文本字段	文本字段右下角显示圆形手柄
具有定义的高度和宽度的动态或输入文本	文本字段右下角显示方形手柄
动态可滚动的传统文本字段	圆形或方形手柄变为实心黑色

5.1.1 静态文本

静态文本为不会动态更改字符的普通文本，在动画运行期间不可以编辑修改，主要用于文字的输入与编排，起到解释说明的作用。静态文本是大量信息的传播载体，输入静态文本是"文本工具"T最基本的功能。选择工具栏中的"文本工具"T，或按T键切换至"文本工具"T，在"属性"面板的"实例行为"下拉列表框中选择"静态文本"选项，切换至静态文本输入状态，如图5-1所示。下面将对静态文本的创建进行介绍。

图 5-1

1. 单行文本字段

选择工具栏中的"文本工具" T，或按T键切换至"文本工具" T，在"属性"面板中设置文本类型为"静态文本"，在舞台上单击鼠标，即可看到一个右上角显示圆形手柄的文字输入框，在该文字输入框中即可输入文字。文本框会随着文字的添加自动扩展，而不会自动换行，如图5-2所示。如需要换行，按Enter键即可。

图 5-2

操作技巧

单击"属性"面板中的"改变文本方向"按钮，在弹出的菜单中可以执行命令改变文本的方向。

2. 定宽（水平文本）或定高（垂直文本）文本字段

选择"文本工具" T后，在舞台中单击鼠标左键并拖曳绘制出一个虚线文本框，释放鼠标后将得到一个文本框，此时可以看到文本框的右上角显示方形手柄。这说明文本框已经限定了宽度，当输入的文字超过限制宽度时，Animate将自动换行，如图5-3所示。

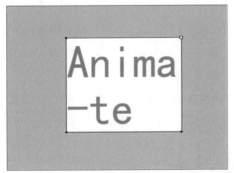

图 5-3

操作技巧

双击文本框右上角的方形手柄，可将文本框转换为文本标签。

通过鼠标拖曳可以随意调整文本框的宽度，如果需要对文本框的尺寸进行精确的调整，可以在"属性"面板中输入文本框的宽度与高度值。

5.1.2 动态文本

动态文本是一种可以动态显示更新的特殊文本，在动画运行的过程中可以通过ActionScript脚本进行编辑修改。动态文本可以显示外部文件的文本，主要用于数据的更新。制作动态文本区域后，接着创建一个外部文件，并通过脚本语言将外部文件链接到动态文本框中。若需要修改文本框中的内容，则只需更改外部文件中的内容。

在"属性"面板中的"实例行为"下拉列表框中选择"动态文本"选项，切换至动态文本输入状态，如图5-4所示。

图 5-4

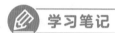

动态文本"属性"面板中部分常用选项的作用如下。

- **将文本呈现为HTML**⟨⟩：在"字符"区域中单击该按钮，可设置当前的文本框内容为HTML内容，这样一些简单的HTML标记就可以被Flash播放器识别并进行渲染。
- **在文本周围显示边框**▣：在"字符"区域中单击该按钮，可显示文本框的边框和背景。
- **行为**▤：当文本内容多于一行时，使用"段落"区域中的"行为"下拉列表框，可以选择单行、多行或多行不换行显示。

5.1.3　输入文本

输入文本功能使用户可以在表单或调查表中输入文本以达到某种信息交换或收集的目的，主要应用于交互式操作的实现。在生成Animate影片时，用户可以在选择输入文本类型后创建的文本框中输入文本。

在"属性"面板的"实例行为"下拉列表框中选择"输入文本"选项，切换至输入文本输入状态，如图5-5所示。

在输入文本类型中，对文本各种属性的设置主要是为浏览者的输入服务的，即当浏览者输入文字时，会按照在"属性"面板中对文字颜色、字体和字号等参数的设置来显示输入的文字。

图 5-5

知识拓展

　　选中不同类型的文本，在"属性"面板的"对象"选项卡中可以对文本进行更多的设置。

课堂练习 | 制作语文课件内容

　　课件的制作离不开文字，用户可以使用文字展示课件内容。下面将以语文课件的制作为例，对文本的输入进行介绍。

　　步骤 01 执行"文件"|"打开"命令，打开本章素材文件，并将其另存。从"库"面板中拖曳"冬"图形元件至舞台中合适位置，如图5-6所示。

　　步骤 02 在第2帧处按F7键插入空白关键帧，从"库"面板中拖曳"冬夜"图形元件至舞台中合适位置，如图5-7所示。修改"图层1"的名称为"背景"。

图 5-6

图 5-7

　　步骤 03 在"背景"图层上方新建"文字"图层，选择第1帧，使用"文本工具"输入文字，设置文本类型为"静态文本"，效果如图5-8所示。

　　步骤 04 在"文字"图层第2帧处插入空白关键帧，使用相同的方法输入文字，如图5-9所示。

图 5-8

图 5-9

步骤 05 在"文字"图层上方新建"切换"图层，选择第1帧，在舞台上绘制一个卷轴并填充颜色。使用"文本工具"，在卷轴上输入文字"下一页"，如图5-10所示。

步骤 06 选择绘制好的卷轴和文字，按F8键将其转换为按钮元件，并在"属性"面板中为其添加实例名称为bt，如图5-11所示。

图 5-10

图 5-11

步骤 07 在"切换"图层的第2帧处插入空白关键帧，使用同样的方法绘制一个卷轴并输入文字，将其转换为按钮元件，如图5-12所示。

步骤 08 选择按钮元件，在"属性"面板中为其添加实例名称为bt2，如图5-13所示。

步骤 09 在"切换"图层上方新建"动作"图层，在第1帧处右击鼠标，在弹出的快捷菜单中执行"动作"命令，打开"动作"面板输入代码，如图5-14所示。

图 5-12

图 5-13

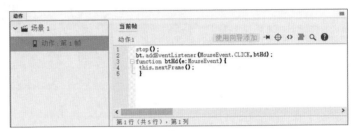

图 5-14

知识拓展

该处完整代码如下。

```
stop();
bt.addEventListener(MouseEvent.CLICK,btHd);
function btHd(e:MouseEvent){
    this.nextFrame();
    }
```

步骤10 在"动作"图层第2帧处插入空白关键帧，使用同样的方法在第2帧处添加代码，如图5-15所示。

图 5-15

知识拓展

该处完整代码如下。

```
stop();
bt2.addEventListener(MouseEvent.CLICK,a1ClickHandler);
function a1ClickHandler(event:MouseEvent)
{
    gotoAndPlay(1);
}
```

步骤11 至此，完成语文课件的制作。按Ctrl+Enter组合键测试效果，如图5-16、图5-17所示。

图 5-16

图 5-17

5.2 文本样式

创建文本后，用户可以将其选中，在"属性"面板中对文字属性、段落格式等进行设置，以达到更好的展示效果。下面将对此进行介绍。

5.2.1 设置字符属性

选中舞台中输入的文本，在"属性"面板中可以对其字符属性进行修改。图5-18所示为"属性"面板中的"字符"区域。

图 5-18

"字符"区域中部分常用选项的作用如下。

- **字体**：用于设置文本字体。
- **字体样式**：用于设置字体样式，包括"不同字重""粗体""斜体"等选项。部分字体可用。
- **大小**：用于设置文本大小。
- **字符间距**：用于设置字符之间的距离。单击该按钮后可直接输入数值来改变文字间距，数值越大，间距越大。

- **填充**：用于设置文本颜色。
- **自动调整字距**：用于在特定字符之间加大或缩小距离。选中"自动调整字距"复选框，将使用字体中的字距微调信息；取消选中"自动调整字距"复选框，将忽略字体中的字距微调信息，不应用字距调整。
- **呈现**：包括"使用设备字体""位图文本（无消除锯齿）""动画消除锯齿""可读性消除锯齿"以及"自定义消除锯齿"5个选项，选择不同的选项可以看到不同的字体呈现方法。

5.2.2 设置段落格式

若想对段落文本的缩进、行距等参数进行调整，可以在"属性"面板的"段落"区域中进行设置。图5-19所示为"属性"面板中的"段落"区域。

图 5-19

"段落"区域中部分常用选项的作用如下。

- 对齐 ≣ ≣ ≣ ≣：用于设置文本的对齐方式，包括"左对齐" ≣、"居中对齐" ≣、"右对齐" ≣ 和"两端对齐" ≣ 4种类型，用户可以根据需要选择合适的格式。
- 缩进 ≣：用于设置段落首行缩进的大小。
- 行距 ≣：用于设置段落中相邻行之间的距离。
- 左边距 ≣/右边距 ≣：用于设置段落左、右边距的大小。
- 行为：用于设置段落单行、多行或者多行不换行。

图5-20、图5-21所示分别为选择"左对齐" ≣ 和"居中对齐" ≣ 的效果对比。

图 5-20

图 5-21

5.2.3　创建文本链接

通过文本链接，可以将文本链接至指定的文件、网页等，单击即可进行跳转。用户可以在"属性"面板中为文本创建链接。

选中文本，在"属性"面板中的"选项"区域中的"链接"文本框中输入链接的地址，如图5-22所示。按Ctrl+Enter组合键测试影片，当鼠标指针经过链接的文本时，鼠标指针将变成形状，单击即可打开所链接的网页，如图5-23所示。

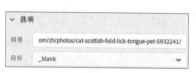

图 5-22　　　　　　　　　　图 5-23

5.3　文本的分离与变形

添加文字内容时，用户可以通过分离、变形文本，进一步地编辑文本，制作出符合需要的文字效果。下面将对此进行介绍。

5.3.1　分离文本

将文字分离为单个字符或填充图像，可以单独制作每个文字的动画效果或创建独特的文本效果。选中输入的文本内容，执行"修改"｜"分离"命令或按Ctrl+B组合键，分离文本内容，如图5-24、图5-25所示。

操作技巧

按两次Ctrl+B组合键，可以将文本分离为填充图形。当文本分离为填充图形后，就不再具有文本的属性。

图 5-24　　　　　　　　　　图 5-25

5.3.2　文本变形

文本的变形类似于其他对象的变形，用户可以通过"任意变形工具"或"变形"命令调整文本变形效果。下面将对此进行介绍。

1. 缩放文本

在编辑文本时，用户除了可以在"属性"面板中设置字体的大小外，还可以通过"任意变形工具"调整文本整体缩放变形。

选中文本对象，选择"任意变形工具"，将鼠标指针移动至控制点处，按住鼠标左键拖动即可缩放选中的文本，如图5-26、图5-27所示。

图 5-26

图 5-27

2. 旋转与倾斜

选中文本，选择"任意变形工具"，将鼠标指针放置在任意一个角点上，当鼠标指针变为形状时，按住鼠标左键拖动即可旋转文本，如图5-28所示。将鼠标指针放置在任意一边的中点上，当鼠标指针变为 ⇌ 或 形状时，按住鼠标左键拖动即可在垂直或水平方向对选中的对象进行倾斜操作，如图5-29所示。

学习笔记

图 5-28

图 5-29

3. 水平翻转和垂直翻转

选择文本，执行"修改"｜"变形"｜"水平翻转"或"垂直翻转"命令，即可实现文本对象的翻转操作，如图5-30、图5-31所示。

图 5-30

图 5-31

通过合理的速度使文字部分逐渐显现，就可以制作出书写文字的效果。下面将以书写文字效果的制作为例，对文本的分离进行介绍。

步骤 01 新建一个960像素×720像素、帧速率为24的空白文档，按Ctrl+R组合键导入本章素材文件"背景.jpg"，调整至合适位置，如图5-32所示。修改"图层_1"的名称为"背景"，在第100帧按F5键插入帧。锁定"背景"图层，按Ctrl+S组合键保存文件。

步骤 02 在"背景"图层上方新建"文字"图层，使用"文本工具"输入文字，在"属性"面板的"字符"区域中设置文字颜色为黑色，并根据需要设置文字属性，使用"任意变形工具"倾斜文字，效果如图5-33所示。

图 5-32

图 5-33

步骤 03 选择输入的文字，按Ctrl+B组合键将其分离，重复一次直至将文本分离为图形对象。按F8键打开"转换为元件"对话框，设置名称、类型等参数，如图5-34所示。完成后单击"确定"按钮，将其转换为影片剪辑元件。

步骤 04 双击进入元件编辑模式，修改图层名称为"文字"，在第1-78帧按F6键插入关键帧，删除第1帧中的文字内容，效果如图5-35所示。

图 5-34

图 5-35

步骤 05 选中"文字"图层的第2帧，使用"套索工具"选中并删除多余文字内容，如图5-36所示。

步骤 06 选中"文字"图层的第3帧，使用同样的方法继续选中并删除多余文字内容，制作出文字按笔画依次呈现的效果，如图5-37所示。

图 5-36

图 5-37

步骤 07 重复操作，直至文字完全显示，如图5-38所示。

步骤 08 在"文字"图层上方新建"动作"图层，选择第78帧，按F7键插入空白关键帧，右击鼠标，在弹出的快捷菜单中执行"动作"命令，输入代码stop();使动画停止，如图5-39所示。

图 5-38

图 5-39

步骤 09 切换至场景1，按Ctrl+Enter组合键测试，效果如图5-40、图5-41所示。

图 5-40

图 5-41

至此，完成书写文字效果的制作。

5.4 滤镜功能的应用

滤镜可以为文字、按钮元件和影片剪辑元件添加特殊的效果，如模糊、投影等，从而使视觉体验更加丰富。下面将对滤镜功能的应用进行介绍。

5.4.1 滤镜的基本操作

选中文字，在"属性"面板的"滤镜"区域中单击"添加滤镜"按钮 +，在弹出的菜单中执行滤镜命令即可为文字添加相应的滤镜。图5-42所示为展开的滤镜菜单。下面将对此进行具体介绍。

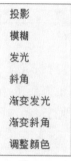

投影
模糊
发光
斜角
渐变发光
渐变斜角
调整颜色

图 5-42

1. 添加滤镜

在舞台上选择要添加滤镜的对象，在"属性"面板的"滤镜"区域中单击"添加滤镜"按钮 +，在弹出的菜单中执行滤镜命令，然后设置相应的参数即可。图5-43、图5-44所示为添加"投影"滤镜前后的效果。

 操作技巧

在"属性"面板中单击相应滤镜右侧的"启用或禁用滤镜"按钮 ◉，可以暂时隐藏滤镜效果。

图 5-43

图 5-44

2. 删除滤镜

若对添加的滤镜不满意，在"属性"面板中单击相应滤镜右侧的"删除滤镜"按钮 🗑 即可。

3. 复制滤镜

添加滤镜时，用户可以通过复制滤镜快速地为不同对象添加相同的滤镜效果。选中已添加滤镜效果的对象，在"属性"面板中选中要复制的滤镜效果，单击"滤镜"区域中的"选项"按钮❀，在弹出的菜单中执行"复制选定的滤镜"命令，即可复制滤镜参数。在舞台中选中要粘贴滤镜效果的对象，单击"滤镜"区域中的"选项"按钮❀，在弹出的菜单中选择"粘贴滤镜"命令，即可为选中的对象添加相同的滤镜效果。

4. 自定义滤镜

在制作动画的过程中，用户可以将常用的滤镜效果存为预设，以便于后期的多次调用。

选中"属性"面板中的"滤镜"区域中的滤镜效果，单击"滤镜"区域中的"选项"按钮❀，在弹出的菜单中选择"另存为预设"命令，打开"将预设另存为"对话框设置预设名称，如图5-45所示。完成后单击"确定"按钮，即可将选中的滤镜效果另存为预设，使用时单击"滤镜"区域中的"选项"按钮❀，在弹出的菜单中执行滤镜命令即可，如图5-46所示。

图 5-45

图 5-46

5.4.2 设置滤镜效果

Animate中包括7种预设的滤镜：投影、模糊、发光、斜角、渐变发光、渐变斜角和调整颜色。通过预设的滤镜，用户可以调整文字、按钮元件及影片剪辑元件的显示效果。下面将对这七种滤镜效果进行介绍。

1. 投影

"投影"滤镜可以模拟对象投影到一个表面的效果，使其具有立体质感。在"投影"滤镜中，用户可以设置投影的模糊、强度、品质、角度、距离等参数，如图5-47所示。

图 5-47

"投影"区域中各选项的作用如下。

● **模糊X和模糊Y**：用于设置投影的宽度和高度。

● **强度**：用于设置阴影暗度。数值越大，阴影越暗。

● **角度**：用于设置阴影角度。

● **距离**：用于设置阴影与对象之间的距离。

● **阴影**：用于设置阴影颜色。

● **挖空**：选中该复选框将从视觉上隐藏源对象，并在挖空图像上只显示投影。

● **内阴影**：选中该复选框将在对象边界内应用阴影。

● **隐藏对象**：选中该复选框将隐藏对象，只显示其阴影。

● **品质**：用于设置投影质量级别。设置为"高"，则近似于高斯模糊；设置为"低"，可以实现最佳的播放性能。

2. 模糊

"模糊"滤镜可以柔化对象的边缘和细节。在"滤镜"区域中单击"添加滤镜"按钮，在弹出的菜单中执行"模糊"命令即可。

3. 发光

"发光"滤镜可以使对象的边缘产生光线投射效果，为对象的整个边缘应用颜色。在Animate软件中既可以使对象的内部发光，也可以使对象的外部发光。图5-48所示为"发光"滤镜的选项面板。

图 5-48

4. 斜角

"斜角"滤镜可以为对象应用加亮效果，使其看起来凸出于背景表面，可制作出立体的浮雕效果。在"斜角"选项中，用户可以对模糊、强度、品质、阴影、角度、距离以及类型等参数进行设置，如图5-49所示。

图 5-49

5. 渐变发光

"渐变发光"滤镜可以在对象表面产生带渐变颜色的发光效果。渐变发光要求渐变开始处颜色的Alpha值为0，用户可以改变其颜色，但是不能移动其位置。渐变发光和发光的主要区别在于发光的颜色，渐变发光滤镜效果可以添加渐变色。

6. 渐变斜角

"渐变斜角"滤镜效果与"斜角"滤镜效果相似，可以使编辑对象表面产生一种凸起效果。但是斜角滤镜效果只能更改其阴影色和加亮色两种颜色，而渐变斜角滤镜效果可以添加渐变色。渐变斜角中间颜色的Alpha值为0，用户可以改变其颜色，但是不能移动其位置。

7. 调整颜色

使用"调整颜色"滤镜可以改变对象的各种颜色属性，主要包括对象的亮度、对比度、饱和度和色相属性，如图5-50所示。

图 5-50

课堂练习　制作文字投影效果

在平面作品中，用户可以通过添加投影，使平面作品呈现出立体的效果。下面将以文字投影效果的制作为例，对滤镜的添加及设置进行介绍。

步骤 01 新建一个550像素×400像素的空白文档，设置舞台颜色为#99CCFF，如图5-51所示。按Ctrl+S组合键保存文件。

步骤 02 使用"文本工具"输入文字，在"属性"面板的"字符"区域中设置文字颜色为#0066CC，并设置字体、字体大小等文字属性（用户可以自行设置文字参数），效果如图5-52所示。

图 5-51　　　　　　　　　　　　　　　图 5-52

步骤 03 选中输入的文字，按Ctrl+C组合键复制，按Ctrl+Shift+V组合键原位粘贴，调整位置，如图5-53所示。

步骤 04 选中复制的文字，右击鼠标，在弹出的快捷菜单中执行"变形"|"垂直翻转"命令，翻转复制文字，如图5-54所示。

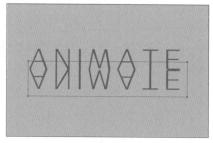

图 5-53　　　　　　　　　　　　　　　图 5-54

步骤 05 选择"任意变形工具" ，将鼠标指针放置在下边缘的中点上，按住鼠标左键拖曳倾斜文字，并调整文字位置，效果如图5-55所示。

步骤 06 选中倾斜文字，按Ctrl+B组合键分离，重复一次，效果如图5-56所示。

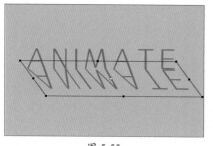
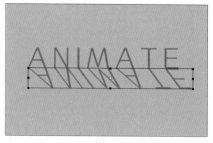

图 5-55　　　　　　　　　　　　　　　图 5-56

步骤 07 选中分离后的文字，执行"窗口"|"颜色"命令，打开"颜色"面板，设置从#000000 至#333333的线性渐变，如图5-57所示。

步骤 08 设置完成后效果如图5-58所示。

图 5-57

图 5-58

步骤 09 使用"渐变变形工具" ■调整渐变效果，效果如图5-59所示。

步骤 10 选中变形文字，按F8键打开"转换为元件"对话框，设置名称及类型，如图5-60所示，单击"确定"按钮将其转换为影片剪辑元件。

图 5-59

图 5-60

步骤 11 选中影片剪辑元件，在"属性"面板中单击"添加滤镜"按钮 ＋，在弹出的菜单中选择"模糊"滤镜，设置模糊，如图5-61所示。

步骤 12 完成后效果如图5-62所示。

图 5-61

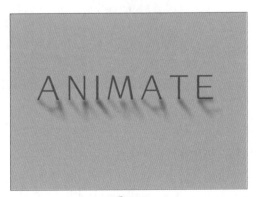

图 5-62

至此，完成文字投影效果的制作。

强化训练

1. 项目名称

　　制作文字动画效果

2. 项目分析

　　文字动画是许多片头、片尾中常用的一种动画。现需制作一个追逐梦想主题的文字动画。通过震撼的背景奠定主题基调；制作文字依次出现的动画，使文字的出现更加吸引观众的注意；最后添加渐隐效果，使文字动画更加完整。

3. 项目效果

　　项目效果如图5-63、图5-64所示。

图 5-63

图 5-64

4. 操作提示

　　①新建文档，创建影片剪辑元件。

　　②输入文本并将其分离，将分离后的文本分散到图层。

　　③选中单独的字母，将其转换为图形元件。

　　④添加关键帧，创建补间动画。

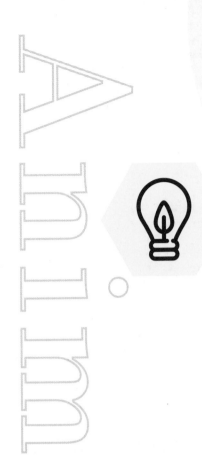

第 **6** 章

基础动画的创建

内容导读

利用Animate软件，可以制作出各种各样的动画效果，其中包含逐帧动画、补间动画、引导动画、遮罩动画等。本章将对不同类型动画的特点与创建方法进行介绍。通过对本章内容的学习，用户可以了解动画的类型，熟悉不同类型动画的创建方法及技巧。

要点难点

- 了解逐帧动画的原理
- 学会制作逐帧动画
- 学会制作补间动画
- 学会制作引导动画
- 学会制作遮罩动画

6.1　逐帧动画 //

逐帧动画是一种细腻传统的动画形式，其原理是在连续的关键帧中绘制不同的内容，当快速播放时，由于人的眼睛会出现视觉暂留，就产生了动画的效果。创建该类型动画的工作量比较大，但因其具有极大的灵活性，常用于展现细腻的动画。

6.1.1　逐帧动画的特点

逐帧动画适合制作相邻关键帧中对象变化不大的复杂动画，而不仅仅是简单的移动、缩放等。在逐帧动画中，Animate会存储每个完整帧的值。逐帧动画具有如下五个特点。

学习笔记

- 逐帧动画会占用较大的内存，因此文件很大。
- 逐帧动画由许多单个的关键帧组合而成，每个关键帧均可独立编辑，且相邻关键帧中的对象变化不大。
- 逐帧动画具有非常大的灵活性，几乎可以表达任何形式的动画。
- 逐帧动画分解的帧越多，动作就会越流畅；适合于制作特别复杂及细节丰富的动画。
- 逐帧动画中的每一帧都是关键帧，每个帧的内容都要进行手动编辑，工作量很大，这也是传统动画的制作方式。

6.1.2　制作逐帧动画

用户可以通过在软件中绘制每一帧的内容制作逐帧动画。常用的制作逐帧动画的方法有以下三种。

1）绘制矢量逐帧动画

使用绘图工具在场景中依次画出每帧的内容，如图6-1、图6-2所示。

图 6-1

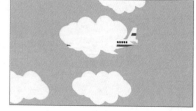
图 6-2

2）文字逐帧动画

使用文字作为帧中的元件，实现文字跳跃、旋转等特效。

3）指令逐帧动画

在"时间轴"面板中，逐帧写入动作脚本语句来完成元件的变化。

6.1.3 导入逐帧动画

除了直接绘制并制作逐帧动画外，用户还可以通过在不同帧导入JPEG、PNG、GIF等格式的图像创建逐帧动画。导入GIF格式位图的方法与导入同一序列的JPEG格式的位图类似，只需将GIF格式的图像直接导入舞台，即可在舞台直接生成动画，如图6-3、图6-4所示。

图 6-3

图 6-4

课堂练习 | **制作文字波动效果**

利用逐帧动画可以制作出多种有趣的动画效果。下面将以文字波动效果为例，对逐帧动画的制作进行介绍。

步骤 01 新建一个550像素×400像素的空白文档，并设置舞台颜色为#FF9933，如图6-5所示。

步骤 02 使用"文字工具"在舞台中输入文字，选中输入的文字，在"属性"面板中设置文字字体、大小、颜色等属性，效果如图6-6所示。

图 6-5

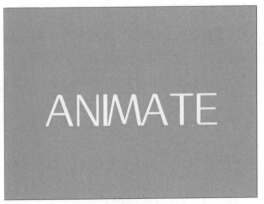

图 6-6

步骤 03 选中输入的文字，按Ctrl+B组合键将其分离，如图6-7所示。

步骤 04 选中"时间轴"面板中的第2帧，按F6键插入关键帧，选中第1个字母，向上移动其位置，效果如图6-8所示。

步骤 05 选中"时间轴"面板中的第3帧，按F6键插入关键帧，选中第1个字母和第2个字母，向上移动其位置，效果如图6-9所示。

步骤 06 选中"时间轴"面板中的第4帧，按F6键插入关键帧。选中第1个字母，向下移动其位置，选中第2个字母和第3个字母，向上移动其位置，效果如图6-10所示。

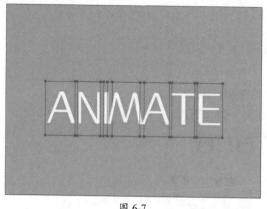

图 6-7

图 6-8

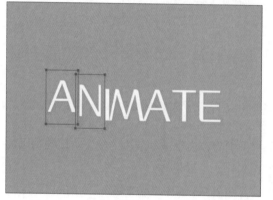

图 6-9

图 6-10

步骤 07 选中"时间轴"面板中的第5帧，按F6键插入关键帧，选中第1个字母和第2个字母，向下移动其位置，选中第3个字母和第4个字母，向上移动其位置，效果如图6-11所示。

步骤 08 选中"时间轴"面板中的第6帧，按F6键插入关键帧，选中第2个字母和第3个字母，向下移动其位置，选中第4个字母和第5个字母，向上移动其位置，效果如图6-12所示。

图 6-11

图 6-12

步骤 09 选中"时间轴"面板中的第7帧，按F6键插入关键帧，选中第3个字母和第4个字母，向下移动其位置，选中第5个字母和第6个字母，向上移动其位置，效果如图6-13所示。

步骤 10 选中"时间轴"面板中的第8帧，按F6键插入关键帧，选中第4个字母和第5个字母，向下移动其位置，选中第6个字母和第7个字母，向上移动其位置，效果如图6-14所示。

图 6-13

图 6-14

步骤11 选中"时间轴"面板中的第9帧，按F6键插入关键帧，选中第5个字母和第6个字母，向下移动其位置，选中第7个字母，向上移动其位置，效果如图6-15所示。

步骤12 选中"时间轴"面板中的第10帧，按F6键插入关键帧，选中第6个字母和第7个字母，向下移动其位置，效果如图6-16所示。

图 6-15

图 6-16

步骤13 选中"时间轴"面板中的第11帧，按F6键插入关键帧，选中第7个字母，向下移动其位置，效果如图6-17所示。

步骤14 按Ctrl+Enter组合键测试，效果如图6-18所示。

图 6-17

图 6-18

至此，完成文字波动效果的制作。

6.2 补间动画

补间动画可用于创建运动、大小和旋转的变化、淡化以及颜色效果，是一种使用元件的动画。在Animate中可以创建3种类型的补间动画：传统补间动画、补间动画及形状补间动画。其中，传统补间动画是在Flash CS3及更早版本中使用的补间动画。本节将对这3种类型的补间动画进行介绍。

6.2.1 传统补间动画

传统补间动画是早期Animate软件中创建动画的一种方式。这些补间类似于较新的动画补间，但创建过程更复杂，也不够灵活。选中两个关键帧之间的任意一帧，右击鼠标，在弹出的快捷菜单中执行"创建传统补间"命令，即可创建传统补间动画，此时时间轴的背景色变为淡紫色，在起始帧和结束帧之间有一个长箭头，如图6-19所示。

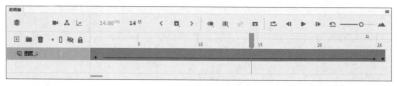

图 6-19

> **知识拓展**
>
> 若前后两个关键帧中的对象不是"元件"，Animate会自动将前后两个关键帧中的对象分别转换为元件。

传统补间动画可以在两个具有相同或不同元件的关键帧之间进行补间。

选择图层中传统补间动画之间的帧，在"属性"面板的"补间"区域中可以对其属性进行设置，如图6-20所示。

该区域部分常用选项的作用如下。

图 6-20

- **缓动**：用于设置变形运动为加速或减速。0表示变形为匀速运动，负数表示变形为加速运动，正数表示变形为减速运动。
- **旋转**：用于设置对象渐变过程中是否旋转以及旋转的方向和次数。
- **贴紧**：选中该复选框，能够使动画自动吸附到路径上移动。
- **同步元件**：选中该复选框，使图形元件的实例动画和主时间轴同步。
- **调整到路径**：用于引导层动画，选中该复选框，可以使对象紧贴路径移动。
- **缩放**：选中该复选框，可以改变对象的大小。

课堂练习 **制作照片切换效果**

在传统补间动画中，用户在动画的重要位置添加关键帧，软件就会在关键帧之间创建内容。下面将以照片切换效果为例，对传统补间动画的制作进行介绍。

步骤 01 新建一个550像素×400像素、帧速率为24的空白文档，并导入本章素材文件"海.jpg"和"雪.jpg"，如图6-21所示。

步骤 02 修改图层_1的名称为"海"，拖曳"库"面板中对应名称的项目至舞台中，如图6-22所示。

图 6-21

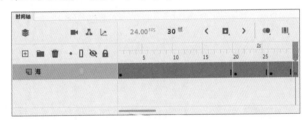

图 6-22

步骤 03 选中导入的素材，按F8键打开"转换为元件"对话框并进行设置，将其转换为影片剪辑元件，如图6-23所示。

步骤 04 在"海"图层的第20帧、第26帧、第30帧处按F6键插入关键帧，如图6-24所示。

图 6-23

图 6-24

步骤 05 选中"海"图层的第26帧，在舞台中选中对象，在"属性"面板中单击"添加滤镜"按钮 +，在弹出的菜单中选择"模糊"滤镜，并进行设置，如图6-25所示。

步骤 06 设置后效果如图6-26所示。

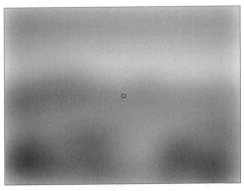

图 6-25

图 6-26

步骤 07 选中"海"图层的第20~26帧之间的任意一帧，右击鼠标，在弹出的快捷菜单中选择"创建传统补间"命令，制作补间动画，如图6-27所示。

步骤 08 选中"海"图层的第30帧，在舞台中选中对象，在"属性"面板中单击"添加滤镜"按钮 +，在弹出的菜单中选择"模糊"滤镜，并进行设置，如图6-28所示。

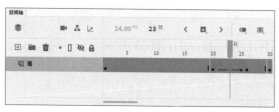

图 6-27

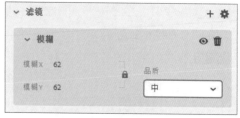

图 6-28

步骤 09 使用相同的方法，在第30帧中的对象上添加"调整颜色"滤镜，并进行设置，如图6-29所示。

步骤 10 设置后效果如图6-30所示。

图 6-29

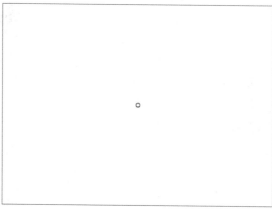

图 6-30

步骤 11 在第26帧和第30帧之间创建传统补间动画，如图6-31所示。

步骤 12 在"海"图层上方新建"雪"图层，在第30帧处按F7键插入空白关键帧，从"库"面板中拖曳相应的项目至舞台中合适位置，如图6-32所示。

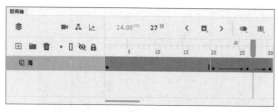

图 6-31

图 6-32

步骤 13 选中"雪"图层中的对象,按F8键将其转换为影片剪辑元件,如图6-33所示。

步骤 14 在"雪"图层的第34帧、第40帧、第60帧插入关键帧。选中第30帧中的对象,在"属性"面板中为其添加"模糊"滤镜和"调整颜色"滤镜,如图6-34所示。

图 6-33

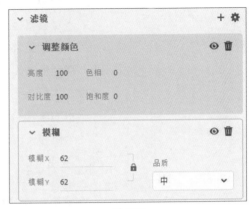

图 6-34

步骤 15 在"雪"图层的第34帧处选中对象,在"属性"面板中为其添加"模糊"滤镜,如图6-35所示。

步骤 16 在"雪"图层的第30~34帧、第34~40帧之间创建传统补间动画,如图6-36所示。

图 6-35

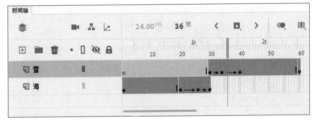

图 6-36

步骤 17 至此,完成照片切换效果的制作,按Ctrl+Enter组合键测试,效果如图6-37、图6-38所示。

图 6-37

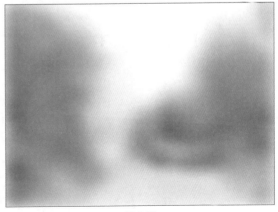

图 6-38

6.2.2　补间动画

补间动画用于在Animate中创建动画运动效果。该类型动画是通过为第一帧和最后一帧之间的某个对象属性指定不同的值来创建的。对象属性包括位置、大小、颜色、效果、滤镜及旋转。

在创建补间动画时，可以选择补间中的任意一帧，然后在该帧上移动动画元件或设置对象的其他属性，Animate会自动构建运动路径，以便为第一帧和下一个关键帧之间的各个帧设置动画。图6-39所示为添加补间动画后的"时间轴"面板，其中黑色菱形表示最后一个帧和任何其他属性关键帧。

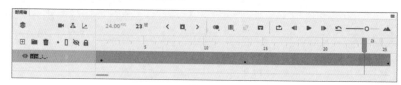

图 6-39

6.2.3　形状补间动画

形状补间动画可以在两个具有不同矢量形状的帧之间创建中间形状，制作出从一个形状变形为另一个形状的动画效果。形状补间动画可以实现两个图形之间颜色、大小、形状和位置的相互变化，其变化的灵活性介于逐帧动画和传统补间动画之间。

对前后两个关键帧的形状指定属性后，在两个关键帧之间右击鼠标，在弹出的快捷菜单中执行"创建补间形状"命令即可创建形状补间动画。创建形状补间动画后，时间轴的背景色变为棕色，在起始帧和结束帧之间有一个长箭头，如图6-40所示。

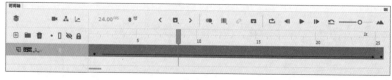

图 6-40

选择图层中形状补间中的帧，在"属性"面板的"补间"区域可以对形状补间的属性进行设置，如图6-41所示。

图 6-41

其中，部分常用选项的作用如下。

> **操作技巧**
>
> 若想使用图形元件、按钮、文字制作形状补间动画，需先将其分离为形状。

🔳. 缓动

单击"缓动"选项右侧的下拉列表框，可以从中选择"属性（一起）"和"属性（单独）"两种缓动类型。而"补间"区域中的"效果"选项中包括一些常用的缓动预设，用户可以从缓动效果列表中选择预设，如图6-42所示，然后将其应用于选定属性。

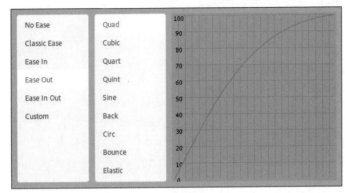

图 6-42

除了预设的缓动效果外，用户还可以单击"效果"选项右侧的"编辑缓动"按钮 ✏️，打开"自定义缓动"对话框设置缓动效果，如图6-43所示。"自定义缓动"对话框显示一个表示运动程度随时间变化的图形。水平轴表示帧，垂直轴表示变化的百分比。第一个关键帧表示为0，最后一个关键帧表示为100%。图形曲线的斜率表示对象的变化速率。曲线水平时（无斜率），变化速率为零；曲线垂直时，变化速率最大，一瞬间完成变化。

学习笔记

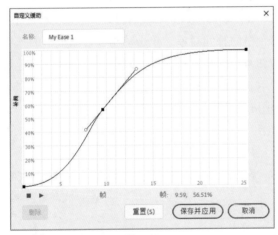

图 6-43

🔳. 混合

该选项用于设置形状补间动画的变形形式。在该下拉列表框中，包含"分布式"和"角形"两个选项。选择"分布式"表示创建的动画中间形状比较平滑；选择"角形"表示创建的动画中间形状会保留明显的角和直线，适合具有锐化角度和直线的混合形状。

6.2.4　使用动画预设

　　除了创建补间动画外，用户还可以通过动画预设为对象添加补间动画。动画预设是预先配置的补间动画，将它们应用于舞台中的对象可以减少重复工作的时间，提高效率。

　　执行"窗口"｜"动画预设"命令，打开"动画预设"面板，如图6-44所示。"动画预设"面板中包括30项默认的动画预设。任选其中一个动画预设，在窗口预览中将会出现相应的动画效果。选中舞台中的对象，在"动画预设"面板中选中动画效果，单击"应用"按钮即可为对象添加预设的动画效果。

图 6-44

　　除了默认的动画预设外，用户还可以创建并保存自己的自定义预设，或修改现有的动画预设并另存为新的动画预设，新的动画预设效果将出现在"动画预设"面板的自定义预设文件夹中。

　　选择舞台中的补间对象，单击动画预设面板中的"将选区另存为预设"按钮 ，打开"将预设另存为"对话框，设置预设名称，如图6-45所示。单击"确定"按钮，新预设将显示在"动画预设"面板中，如图6-46所示。

图 6-45

图 6-46

6.3　引导层动画 ///////////////////////////////

引导层动画是一种特殊的传统补间动画，该类型的动画可以控制传统补间动画中的对象移动，制作出一个或多个元件呈曲线或不规则运动的效果。下面将对此进行介绍。

6.3.1　引导层动画的特点

引导层动画中包括引导层和被引导层两种类型的图层。其中，引导层是一种特殊的图层，在影片中起辅助作用，引导层不会导出，因此不会显示在发布的SWF文件中。引导层位于被引导层的上方，引导线就位于引导层中，在引导层动画中只要固定起始点和结束点，与之相连接的被引导层的物体就可以沿着设定的引导线运动。

6.3.2　制作引导层动画

创建引导层动画必须具备以下两个条件。

- 路径。
- 在路径上运动的对象。

一条路径上可以有多个对象运动，引导路径都是一些静态线条，在播放动画时路径线条不会显示。

选中要添加引导层的图层，右击鼠标，在弹出的快捷菜单中选择"添加传统运动引导层"命令，即可在选中图层的上方添加引导层，如图6-47所示。在引导层中绘制路径，并调整被引导层中的对象中心点在起始点和终点都在引导线上即可。

> **知识拓展**
>
> 引导层是用于指示对象运行路径的，必须是打散的图形。路径不要出现太多交叉点。被引导层中的对象必须依附在引导线上。简单地说，在动画的开始和结束帧上，让元件实例的变形中心点吸附到引导线上。

> **操作技巧**
>
> 引导层动画最基本的操作就是使一个运动动画附着在引导线上。所以操作时特别要注意引导线的两端，被引导的对象起始点、终点的两个中心点一定要对准引导线的两个端点。

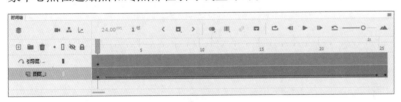

图 6-47

课堂练习　制作纸飞机飞翔动画

利用引导层动画可以制作复杂路径的运动效果，使运动效果更加丰富。下面将以纸飞机飞翔动画的制作为例，对引导层动画进行介绍。

步骤 01 新建一个550像素×400像素的空白文档，导入本章素材文件"背景.png"，如图6-48所示。修改图层_1的名称为"背景"。

步骤 02 在"背景"图层上方新建"纸飞机"图层，使用"钢笔工具"绘制纸飞机造型，如图6-49所示。选中绘制的纸飞机，按F8键将其转换为图形元件。

图 6-48　　　　　　　　　　　　　　　　图 6-49

步骤 03 选中"纸飞机"图层，右击鼠标，在弹出的快捷菜单中选择"添加传统运动引导层"命令，新建引导层，使用"铅笔工具"在引导层中绘制路径，如图6-50所示。

步骤 04 选中舞台中的纸飞机，使其置于路径起始处，如图6-51所示。

图 6-50　　　　　　　　　　　　　　　　图 6-51

步骤 05 在所有图层的第30帧处按F6键插入关键帧，选中纸飞机对象，移动其位置至路径末端，并根据引导线走向进行旋转，如图6-52所示。

步骤 06 选择"纸飞机"图层第1～30帧中的任意一帧，右击鼠标，在弹出的快捷菜单中选择"创建传统补间"命令，创建补间动画，如图6-53所示。在"属性"面板中选中"调整到路径"复选框。

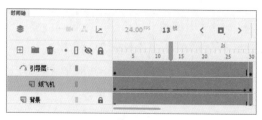

图 6-52　　　　　　　　　　　　　　　　图 6-53

步骤 07 至此，完成纸飞机飞翔动画的制作。按Ctrl+Enter组合键测试，效果如图6-54、图6-55所示。

图 6-54

图 6-55

6.4 遮罩动画

　　遮罩动画是指使用遮罩层来显示下方图层中图片或图形的部分区域，从而制作出更加丰富的动画效果。遮罩效果主要通过遮罩层和被遮罩层两种图层来实现，其中遮罩层只有一个，但被遮罩层可以有多个。

　　遮罩层的内容可以是填充的形状、文字对象、图形元件的实例或影片剪辑，不能是直线，如果一定要用线条，可以将线条转化为"填充"。遮罩主要有两种用途：一个是遮罩整个场景或一个特定区域，使场景外的对象或特定区域外的对象不可见；另一个是遮罩住某一元件的一部分，从而实现一些特殊的效果。

　　遮罩效果的作用方式有以下四种。

● 遮罩层中的对象是静态的，被遮罩层中的对象也是静态的，这样生成的效果就是静态遮罩效果。

● 遮罩层中的对象是静态的，而被遮罩层中的对象是动态的，这样透过静态的对象可以观看后面的动态内容。

● 遮罩层中的对象是动态的，而被遮罩层中的对象是静态的，这样透过动态的对象可以观看后面的静态内容。

● 遮罩层中的对象是动态的，被遮罩层中的对象也是动态的，这样透过动态的对象可以观看后面的动态内容。此时，遮罩对象和被遮罩对象之间就会进行一些复杂的交互，从而得到一些特殊的视觉效果。

　　遮罩层由普通图层转换而来，在要转换为遮罩层的图层上右击鼠标，在弹出的快捷菜单中执行"遮罩层"命令，即可将该图层转换为遮罩层。此时，该图层图标就会由普通层图标 ▣ 变为遮罩层图标 ▣，系统也会自动将遮罩层下面的一层关联为"被遮罩层"，在缩进的同时图标变为 ▣，若需要关联更多被遮罩层，只要把这些层拖至被遮罩层下面或者将图层属性类型改为被遮罩即可。

在制作遮罩层动画时，应注意以下几点。

- 若要创建遮罩层，将遮罩项目放在要用作遮罩的图层上。
- 若要创建动态效果，可以让遮罩层动起来。
- 若要获得聚光灯效果和过渡效果，可以使用遮罩层创建一个孔，通过这个孔可以看到下面的图层。遮罩项目可以是填充的形状、文字对象、图形元件的实例或影片剪辑。将多个图层组织在一个遮罩层下可创建复杂的效果。

课堂练习　制作百叶窗效果

在遮罩动画中，可以通过遮罩层控制下层对象的显现。下面将以百叶窗效果的制作为例，对遮罩动画进行介绍。

步骤 01 打开本章素材文件"制作百叶窗效果素材.fla"，并按Ctrl+Shift+S组合键将其另存。使用"矩形工具"在舞台中绘制一个550像素×25像素的矩形，设置填充为白色，如图6-56所示。

步骤 02 选择绘制好的矩形，按F8键打开"转换为元件"对话框，将矩形转换为影片剪辑元件，如图6-57所示。

图 6-56

图 6-57

🔍 知识拓展

只有遮罩层与被遮罩层同时处于锁定状态时，才会显示遮罩效果。如果需要对两个图层中的内容进行编辑，可将其解除锁定，编辑结束后再将其锁定。

步骤 03 双击进入元件编辑模式。在时间轴的第15帧处按F6键插入关键帧，在第16帧处按F7键插入空白关键帧，如图6-58所示。

步骤 04 选择第1帧处的矩形，使用"任意变形工具"将矩形压缩，如图6-59所示。选择第1~15帧之间的任意一帧，右击鼠标，在弹出的快捷菜单中执行"创建补间形状"命令，创建形状补间动画。

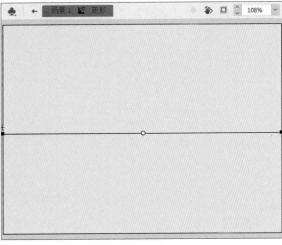

图 6-58 图 6-59

步骤 05 执行"插入"｜"新建元件"命令，打开"创建新元件"对话框并进行设置，如图6-60所示。

步骤 06 完成后单击"确定"按钮，进入新建元件的编辑模式，将"库"面板中的矩形元件拖至舞台，按住Alt键拖曳复制，重复操作，效果如图6-61所示。

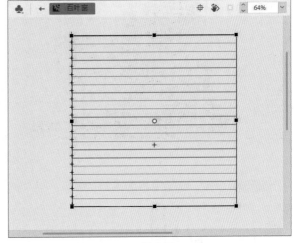

图 6-60 图 6-61

步骤 07 选择舞台上的所有元件，执行"窗口"|"对齐"命令，打开"对齐"面板，如图6-62所示。在"对齐"面板中单击"水平中齐"按钮 및 和"垂直居中分布"按钮 로，调整元件对齐并均匀分布。

步骤 08 切换至场景1，删除舞台中的矩形元件，将"库"面板中的百叶窗元件拖至舞台，并使用"任意变形工具"将其旋转，如图6-63所示。

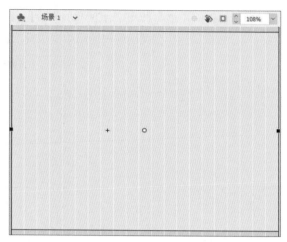

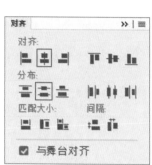

图 6-62 图 6-63

步骤 09 在图层_1的下方新建图层，将库中的背景拖至舞台中的合适位置，如图6-64所示。

步骤 10 选择图层_1并右击鼠标，在弹出的快捷菜单中选择"遮罩层"命令，将图层_1转换为遮罩层，如图6-65所示。

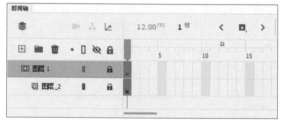

图 6-64 图 6-65

步骤 11 至此，完成百叶窗效果的制作。按Ctrl+Enter组合键测试，效果如图6-66、图6-67所示。

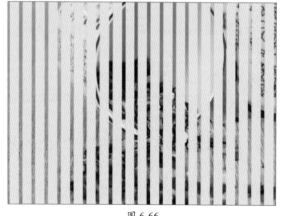

图 6-66 图 6-67

强化训练

1. 项目名称

制作海底动画

2. 项目分析

制作动画时，并不仅仅局限于一种动画类型，用户可以综合多种类型的动画，制作出更加具有吸引力的动画效果。本项目根据已有的素材制作海底动画。通过添加多种动画类型，使动画效果更加丰富；添加不同的素材，合理配置，使动画效果更加符合实际情况。

3. 项目效果

项目效果如图6-68、图6-69所示。

图 6-68

图 6-69

4. 操作提示

①打开本章素材文件，将素材拖曳至舞台中。

②创建影片剪辑元件，制作补间动画。

③保存文件，测试即可。

第**7**章

交互动画的
创建

内容导读

　　上一章介绍了基础动画的制作方法，本章将介绍如何制作更为复杂的动画效果，即通过ActionScript制作交互动画。这样既能增强观众与动画的联系，又能提升趣味性。本章将对ActionScript的相关知识及"动作"面板的使用进行介绍。

要点难点

- 了解ActionScript的相关知识
- 熟悉各类运算符
- 掌握"动作"面板的使用方法
- 学会编写与调试脚本
- 学会制作交互式动画

7.1 ActionScript概述

ActionScript是一种基于ECMAScript的编程语言，主要用于编写Flash电影和应用程序。其中，ActionScript 3.0标志着Flash Player Runtime演化过程中的一个重要阶段。

7.1.1 认识ActionScript

在Animate影片中实现互动主要基于ActionScript，这也是Animate优于其他动画制作软件的主要原因。ActionScript 1.0最初随Flash 5一起发布，这是第一个完全可编程的版本。在Flash 7中引入了ActionScript 2.0，这是一种强类型的语言，支持基于类的编程特性，比如继承、接口和严格的数据类型。Flash 8进一步扩展了ActionScript 2.0，添加了新的类库以及用于在运行时控制位图数据和文件上传的API。ActionScript 3.0为基于Web的应用程序提供了更多的可能性，其脚本编写功能超越了早期版本，主要目的在于方便创建拥有大型数据集和面向对象的可重用代码库的高度复杂应用程序。

ActionScript 3.0提供了可靠的编程模型，包含ActionScript 编程人员所熟悉的许多类和功能。相对于早期ActionScript版本改进的一些重要功能，包括以下五个方面。

 学习笔记

- 一个更为先进的编译器代码库，可执行比早期编译器版本更深入的优化。
- 一个新增的ActionScript虚拟机，称为AVM2，它使用全新的字节代码指令集，可使性能显著提高。
- 一个扩展并改进的应用程序编程接口（API），拥有对对象的低级控制和真正意义上的面向对象的模型。
- 一个基于文档对象模型（DOM）第3级事件规范的事件模型。
- 一个基于ECMAScript for XML（E4X）规范的XML API。E4X是ECMAScript的一种语言扩展，它将XML添加为语言的本机数据类型。

7.1.2 变量

变量是计算机语言中能存储计算结果或能表示值的抽象概念。在源代码中通过定义变量来申请并命名存储空间，最后通过调用变量的名字来使用这段存储空间。变量用来存储程序中使用的值，声明变量的一种方式是使用Dim语句、Public语句和Private语句。要声明变量，必须结合使用var语句和变量名。

在ActionScript 2.0中，只有当用户使用类型注释时，才需要使用var语句。在 ActionScript 3.0中，var语句不能省略。如要声明一个名为"x"的变量，ActionScript代码的格式为：

```
var x;
```

若在声明变量时省略了var语句，则在严格模式下会出现编译器错误，在标准模式下会出现运行错误。若未定义变量x，则下面的代码行将产生错误。

```
x; // error if a was not previously defined
```

在 ActionScript 3.0 中，一个变量实际上包含三个不同部分。

● 变量的名称。
● 可以存储在变量中的数据类型，如String（文本型）、Boolean（布尔型）等。
● 存储在计算机内存中的实际值。

变量名的开头字符必须是字母、下划线，后续字符可以是字母、数字等，但不能是空格、句号、关键字和逻辑常量等字符。

要将变量与一个数据类型相关联，则必须在声明变量时进行此操作。在声明变量时不指定变量的类型是合法的，但这在严格模式下会产生编译器警告。可通过在变量名后面追加一个后跟变量类型的冒号(:)来指定变量类型。如下面的代码声明一个int类型的变量i。

```
var i : int;
```

可以为变量赋值数字、字符串、布尔值和对象等。Animate会在变量赋值的时候自动决定变量的类型。在表达式中，Animate会根据表达式的需要自动改变数据的类型。

可以使用赋值运算符 (=) 为变量赋值。例如，下面的代码声明一个变量c并为它赋值6。

```
var c:int;
c = 6;
```

用户可能会发现在声明变量的同时为变量赋值更加方便，如下面的代码所示。

```
var c:int = 6;
```

通常，在声明变量的同时为变量赋值的方法不仅在赋予基元值（如整数和字符串）时很常用，而且在创建数组或实例化类的实例时也很常用。

7.1.3 常量

常量是相对于变量来说的，它是使用指定的数据类型表示计算机内存中的值的名称。其区别在于，在ActionScript应用程序运行期间，只能为常量赋值一次。

常量是指在程序运行中保持不变的参数。常量有数值型、字符串型和逻辑型。数值型就是具体的数值，如b=5；字符串型是用引号括起来的一串字符，如y="VBF"；逻辑型用于判断条件是否成立，如true或1表示真（成立），false或0表示假（不成立），逻辑型常量也叫布尔常量。

若需要定义在整个项目中多个位置使用且正常情况下不会更改的值，则定义常量非常有用。使用常量而不是字面值可提高代码的可读性。

声明常量需要使用关键字 const，如以下代码所示。

```
const SALES_TAX_RATE:Number = 0.8;
```

7.1.4 数据类型

ActionScript 3.0的数据类型可以分为简单数据类型和复杂数据类型两大类。简单数据类型只是表示简单的值，是在最低抽象层存储的值，运算速度相对较快。例如，字符串、数字都属于简单数据，保存它们的变量都是简单数据类型。而类类型属于复杂数据类型，如Stage类型、MovieClip类型和TextField类型都属于复杂数据类型。

ActionScript 3.0的简单数据类型的值可以是数字、字符串和布尔值等。其中，int类型、uint类型和Number类型表示数字类型，String类型表示字符串类型，Boolean类型表示布尔值类型，布尔值只能是true或false。

（1）String：字符串类型。

（2）Numeric：对于Numeric型数据，ActionScript 3.0 包含三种特定的数据类型，分别如下。

● Number：任何数值，包括有小数部分和没有小数部分的值。

● Int：一个整数（不带小数部分的整数）。

● Uint：一个"无符号"整数，即不能为负数的整数。

（3）Boolean：布尔类型，其属性值为true或false。

在ActionScript 中定义的大多数数据类型可能是复杂数据类型，它们表示单一容器中的一组值。例如，数据类型为Date的变量表示单一值（某个时刻），然而该日期值以多个值表示，即天、月、年、时、分、秒等，这些值都为单独的数字。

当通过"属性"面板定义变量时，这个变量的类型也被自动声明了。例如，定义影片剪辑实例的变量时，变量的类型为MovieClip类型；定义动态文本实例的变量时，变量的类型为TextField类型。

常见的复杂数据类型列举如下。

- MovieClip：影片剪辑元件。
- TextField：动态文本字段或输入文本字段。
- SimpleButton：按钮元件。
- Date：有关时间中的某个片刻的信息（日期和时间）。

7.2 ActionScript 3.0的语法知识

语法可以理解为规则，即正确构成编程语句的方式。在Animate中，必须使用正确的语法构成语句，才能使代码正确地编译和运行。下面将介绍ActionScript 3.0的基本语法。

7.2.1 点

通过点运算符(.)实现对对象的属性和方法的访问。可以使用点运算符和属性名或方法名的实例名来引用类的属性或方法。例如：

```
class DotExample{
    public var property1:String;
    public function method1():void {}
}
var myDotEx:DotExample = new DotExample(); // 创建实例
myDotEx.property1 = "hello";       // 用点语法访问 property1属性
myDotEx.method1();                 // 用点语法访问method1()方法
```

定义包时，可以使用点运算符来引用嵌套包。例如：

```
// EventDispatcher类位于一个名为events的包中，该包嵌套在名为Animate的包中
Animate.events;                    // 点语法引用events包
Animate.events.EventDispatcher;    // 点语法引用EventDispatcher类
```

7.2.2 注释

注释是一种对代码进行注解的方法，编译器不会把注释识别成代码，注释可以使ActionScript程序更容易理解。

ActionScript 3.0代码支持两种类型的注释：单行注释和多行注释。这些注释机制与C++和Java中的注释机制类似。

（1）单行注释以两个正斜杠字符"//"开头并持续到该行的末尾。例如：

```
var myNumber:Number = 3; //
```

（2）多行注释以一个正斜杠和一个星号"/*"开头，以一个星号和一个正斜杠"*/"结尾。

7.2.3　分号

分号常用来作为语句的结束符和分隔循环中的参数。在ActionScript 3.0中，可以使用分号字符(;)来终止语句。例如下面两行代码所示：

```
Var myNum:Number=5;
myLabel.height=myNum;
```

分号还可以在for循环中，分隔for循环的参数。例如以下代码所示：

```
Var i:Number;
for ( i = 0;i < 8; i++) {
    trace ( i ); // 0,1,…,7
}
```

7.2.4　大括号

使用大括号可以把ActionScript 3.0中的事件、类定义和函数组合成块，即代码块。代码块是指左大括号"{"与右大括号"}"之间的任意一组语句。在包、类、方法中，均以大括号作为开始和结束的标记。

（1）控制程序流的结构中，用大括号括起需要执行的语句。例如：

```
if (age>16){
trace("The game is available.");
}
else{
trace("The game is not for children.");
}
```

（2）定义类时，类体要放在大括号内，且放在类名的后面。例如：

```
public class Shape{
    var visible:Boolean = true;
}
```

（3）定义函数时，在大括号之间编写调用函数时要执行的 ActionScript代码，即{函数体}。例如：

```
function myfun(mypar:String){
trace(mypar);
}
myfun("hello world"); // hello world
```

（4）初始化通用对象时，对象字面值放在大括号中，各对象属性之间用逗号隔开。例如：

```
var myObject:Object = {propA:2, propB:6, propC:10};
```

7.2.5　小括号

小括号的用途很多，如保存参数、改变运算的顺序等。在 ActionScript 3.0中，可以通过三种方式使用小括号"()"。

（1）使用小括号来更改表达式中的运算顺序，小括号中的运算优先级高。例如：

```
trace(2+ 1 * 6);       // 8
trace((2+1) * 6);      // 18
```

（2）使用小括号和逗号运算符","来计算一系列表达式并返回最后一个表达式的结果。例如：

```
var a:int = 8;
var b:int = 11;
trace((a--, b++, a*b)); //70
```

（3）使用小括号向函数或方法传递一个或多个参数。例如：

```
trace("Action"); // Action
```

7.2.6　关键字与保留字

在ActionScript 3.0中，不能使用关键字和保留字作为标识符，即不能使用关键字和保留字作为变量名、方法名、类名等。

保留字是一些单词，因为这些单词是保留给ActionScript使用的，所以不能在代码中将它们用作标识符。保留字包括词汇关键字，编译器会将词汇关键字从程序的命名空间中移除。如果用户将词汇关键字用作标识符，则编译器会报告一个错误。

7.3　运算符

运算符是一种特殊的函数，它们具有一个或多个操作数并返回相应的值。操作数是运算符用作输入的值（通常为字面值、变量或表达式）。运算是对数据的加工，利用运算符可以进行一些基本的运算。

运算符按照操作数的个数分为一元、二元和三元运算符。一元运算符有1个操作数，例如递增运算符(++)就是一元运算符，因为它只有1个操作数。二元运算符有2个操作数，例如除法运算符(/)有2个操作数。三元运算符有3个操作数，例如条件运算符(?:)有3个操作数。

7.3.1　数值运算符

数值运算符包括+、−、*、/、%。下面将详细介绍这些运算符的含义。

- **加法运算符"+"**：表示两个操作数相加。
- **减法运算符"−"**：表示两个操作数相减。"−"也可以作为负值运算符，如"−8"。
- **乘法运算符"*"**：表示两个操作数相乘。
- **除法运算符"/"**：表示两个操作数相除，若参与运算的操作数都为整型，则结果也为整型；若其中一个为实型，则结果为实型。
- **求余运算符"%"**：表示两个操作数相除求余数。

例如，"++a"表示a的值先加1，然后返回a；"a++"表示先返回a，然后a的值加1。

7.3.2　赋值运算符

赋值运算符有两个操作数，根据一个操作数的值对另一个操作数进行赋值。所有赋值运算符具有相同的优先级。

赋值运算符包括=（赋值）、+=（相加并赋值）、−=（相减并赋值）、*=（相乘并赋值）、/=（相除并赋值）、<<=（按位左移位并赋值）、>>=（按位右移位并赋值）。

7.3.3　逻辑运算符

逻辑运算符用于对包含比较运算符的表达式进行合并或取非。逻辑运算符包括!（非运算符）、&&（与运算符）、||（或运算符）。

（1）非运算符"!"具有右结合性，参与运算的操作数为true

时，结果为false；操作数为false时，结果为true。

（2）与运算符 "&&" 具有左结合性，参与运算的两个操作数都为true时，结果才为true；否则为false。

（3）或运算符 "||" 具有左结合性，参与运算的两个操作数只要有一个为true，结果就为true；当两个操作数都为false时，结果才为false。

7.3.4　比较运算符

比较运算符也称为关系运算符，主要用于比较两个量的大小、是否相等等，常用于关系表达式中作为判断的条件。比较运算符包括<（小于）、>（大于）、<=（小于或等于）、>=（大于或等于）、!=（不等于）、==（等于）。

比较运算符是二元运算符，有两个操作数，对两个操作数进行比较，比较的结果为布尔型，即true或者false。

比较运算符的优先级低于算术运算符，高于赋值运算符。若一个式子中既有比较运算、赋值运算，也有算术运算，则先做算术运算，再做关系运算，最后做赋值运算。例如：

```
a=1+2>3-1
```

即等价于a=（（1+2）>（3-1））关系成立，a的值为1。

7.3.5　等于运算符

等于运算符为二元运算符，用来判断两个操作数是否相等。等于运算符也常用于条件和循环运算，它们具有相同的优先级。等于运算符包括==（等于）、! =（不等于）、===（严格等于）、! ==（严格不等于）。

7.3.6　位运算符

位运算符包括&（按位与）、|（按位或）、^（按位异或）、~（按位非）、<<（左移位）、>>（右移位）。

● 位与 "&" 运算符主要是把参与运算的两个数各自对应的二进制位相与，只有对应的两个二进位均为1时，结果才为1，否则为0。参与运算的两个数以补码形式出现。
● 位或 "|" 运算符是把参与运算的两个数各自对应的二进制位进行或运算。
● 位非 "~" 运算符是把参与运算的数的各个二进制位按位求反。

学习笔记

- 位异或"^"运算符是把参与运算的两个数所对应的二进制位进行异或运算。
- 左移"<<"运算符是把"<<"运算符左边的数的二进制位全部左移若干位。
- 右移">>"运算符是把">>"运算符左边的数的二进制位全部右移若干位。

7.4 动作面板的使用

用户可以通过"动作"面板编写动作脚本，从而制作出特殊的交互效果。下面将针对"动作"面板进行介绍。

7.4.1 动作面板的组成

脚本语言是指实现某一具体功能的命令语句或实现一系列功能的命令语句组合。在Animate 软件中，执行"窗口"｜"动作"命令，或按F9键，即可打开"动作"面板，如图7-1所示。

图 7-1

"动作"面板由"脚本"窗格和脚本导航器两部分组成，它们的功能分别如下。

1. 脚本导航器

脚本导航器位于"动作"面板的左侧，其中列出了当前选中对象的具体信息，如名称、位置等。单击脚本导航器中的某一项目，与该项目相关联的脚本则会出现在"脚本"窗格中。此时场景上的播放头也将移到时间轴的对应位置。

2. "脚本"窗格

"脚本"窗格是添加代码的区域。用户可以直接在"脚本"窗格中输入与当前所选帧相关联的ActionScript代码。

"脚本"窗格中有一排工具图标，如图7-2所示。在编辑脚本的时候，使用这些工具可以节省工作时间，提高工作效率。

图 7-2

其中部分选项的作用如下。

● **使用向导添加**：单击该按钮可使用简单易用的向导添加动作，而不用编写代码。仅可用于HTML5画布文件类型。
● **固定脚本** ↦ ：用于将脚本固定到"脚本"窗格中各个脚本的固定标签，然后相应移动它们。本功能在调试时非常有用。
● **插入实例路径和名称** ⊕ ：用于设置脚本中某个动作的绝对或相对目标路径。
● **代码片段** ⟨⟩ ：单击该按钮，将打开"代码片段"面板，显示代码片段示例。
● **设置代码格式** ☰ ：用于帮助用户设置代码格式。
● **查找** ⟨ ：用于查找并替换脚本中的文本。

7.4.2　动作脚本的编写

通过代码控制动画，可以增加动画的吸引力。Animate中的所有脚本命令语言都在"动作"面板中编写。

1. 播放动画

执行"窗口"｜"动作"命令，打开"动作"面板，在脚本编辑区中输入相应的代码即可。

如果动作附加到某一个按钮上，那么该动作会被自动包含在处理函数on (mouse event)内，其代码如下所示。

```
on (release) {
play();
}
```

如果动作附加到某一个影片剪辑中，那么该动作会被自动包含在处理函数onClipEvent ()内，其代码如下所示。

```
onClipEvent (load) {
play();
}
```

2. 停止播放动画

停止播放动画脚本的添加与播放动画脚本的添加类似。

如果动作附加到某一按钮上，那么该动作会被自动包含在处理函数on (mouse event)内，其代码如下所示。

```
on (release) {
    stop();
}
```

如果动作附加到某个影片剪辑中，那么该动作会被自动包含在处理函数onClipEvent ()内，其代码如下所示。

```
onClipEvent (load) {
stop();
}
```

3. 跳到某一帧或场景

要跳到影片中的某一特定帧或场景，可以使用goto动作。该动作在"动作"工具栏中作为两个动作列出：gotoAndPlay和gotoAndStop。当影片跳到某一帧时，可以选择参数来控制是从新的一帧播放影片（默认设置）还是在当前帧停止。

例如，将播放头跳到第20帧，然后从那里继续播放：

```
gotoAndPlay(20);
```

例如，将播放头跳到该动作所在的帧之前的第8帧：

```
gotoAndStop(_currentframe+8);
```

当单击指定的元件实例后，将播放头移动到时间轴中的下一场景并在此场景中继续回放：

```
button_1.addEventListener(MouseEvent.CLICK, fl_
ClickToGoToNextScene);
function fl_ClickToGoToNextScene(event:MouseEvent):void
{
    MovieClip(this.root).nextScene();
}
```

4. 跳到不同的 URL 地址

若要在浏览器窗口中打开网页，或将数据传递到所定义的URL处的另一个应用程序，可以使用getURL动作。

下面代码片段表示单击指定的元件实例会在新浏览器窗口中加载URL，即单击后跳转到相应的Web页面。

```
button_1.addEventListener(MouseEvent.CLICK, fl_
ClickToGoToWebPage);
function fl_ClickToGoToWebPage(event:MouseEvent):void
{
    navigateToURL(new URLRequest("http://www.sina.com"), "_blank");
}
```

学习笔记

对于窗口来讲，可以指定要在其中加载文档的窗口或帧。

- _self用于指定当前窗口中的当前帧。
- _blank用于指定一个新窗口。
- _parent用于指定当前帧的父级。
- _top用于指定当前窗口中的顶级帧。

7.4.3 脚本的调试

在Animate中，有一系列的工具帮助用户预览、测试、调试ActionScript脚本程序，其中包括专门用来调试ActionScript脚本的调试器。

ActionScript 3.0调试器将Animate工作区转换为显示调试所用面板的调试工作区，包括"动作"面板、调试控制台和"变量"面板。调试控制台显示调用堆栈并包含用于跟踪脚本的工具。"变量"面板显示了当前范围内的变量及其值，并允许用户自行更新这些值。

ActionScript 3.0调试器仅用于ActionScript 3.0的FLA和AS文件。启动一个ActionScript 3.0调试会话时，Animate将启动独立的Flash Player调试版来播放SWF文件。调试版Animate播放器从Animate创作应用程序窗口的单独窗口中播放SWF文件。开始调试会话的方式取决于正在处理的文件类型。如从FLA文件开始调试，则执行"调试"│"调试影片"│"在Animate中"命令，打开调试所用面板的调试工作区，如图7-3所示。调试会话期间，Animate遇到断点或运行错误时将中断执行ActionScript。

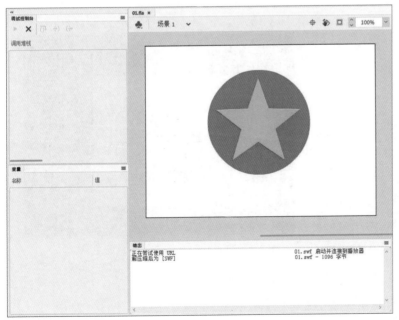

图 7-3

操作技巧

高级语言的编程和程序的调试一般都是在特定的平台上进行的。而ActionScript可以在"动作"面板中进行编写，但不能在"动作"面板中测试。

知识拓展

Animate启动调试会话时，将在为会话导出的SWF文件中添加特定信息。此信息允许调试器提供代码中遇到错误的特定行号。用户可以将此特殊调试信息包含在所有从发布设置中通过特定FLA文件创建的SWF文件中。这将允许用户调试SWF文件，即使并未显示启动调试会话。

课堂练习 制作电子相册

通过在"动作"面板中添加脚本，可以为动画添加交互效果。下面将以电子相册的制作为例，对"动作"面板进行介绍。

步骤 01 打开本章素材文件"制作电子相册素材.fla"，按Ctrl+Shift+S组合键将其另存。从"库"面板中拖曳背景至舞台合适位置，并调整其大小，如图7-4所示。修改图层_1的名称为"背景"。

步骤 02 选中舞台中的背景，按F8键打开"转换为元件"对话框，并进行设置，将其转换为影片剪辑元件，如图7-5所示。

图 7-4

图 7-5

步骤 03 选中转换的元件，在"属性"面板中为其添加"模糊"滤镜，并设置模糊参数，如图7-6所示。

步骤 04 在"背景"图层上新建"照片"图层，将库中的图片素材拖曳至舞台合适位置，然后调整图片的大小，如图7-7所示。

图 7-6

图 7-7

步骤 05 使用"文本工具"在舞台上输入文字，如图7-8所示。

步骤 06 按Ctrl+F8组合键新建按钮元件，使用"线条工具"绘制一个箭头，如图7-9所示。

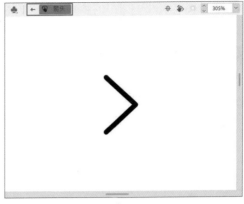

图 7-8 图 7-9

步骤 07 切换至场景1，将新建的按钮元件拖曳至"照片"图层舞台中合适位置，并调整其大小，在"属性"面板中设置"色彩效果"中的样式为Alpha，并设置Alpha值为60%，其效果如图7-10所示。

步骤 08 在"背景"图层的第2帧处按F5键插入帧，在"照片"图层的第2帧处按F6键插入关键帧，如图7-11所示。

图 7-10 图 7-11

步骤 09 删除"照片"图层第2帧上的图片，将"库"中的另一个图片素材拖曳至舞台。位置和大小与之前的一致，将文字简单修改，如图7-12所示。

步骤 10 使用相同的方法，设置"背景"图层和"照片"图层的第3帧，效果如图7-13所示。

图 7-12 图 7-13

步骤 11 选择"照片"图层的第1帧，在舞台中选择箭头按钮，在"属性"面板中设置实例名称为bt，如图7-14所示。

步骤 12 选择第2帧中的箭头按钮，在"属性"面板中设置实例名称为bt1，如图7-15所示。

图 7-14

图 7-15

步骤 13 选择第3帧中的箭头按钮，在"属性"面板中设置实例名称为bt2，如图7-16所示。

步骤 14 在"照片"图层上方新建"动作"图层，在第1～3帧依次按F7键插入空白关键帧。选择第1帧并右击鼠标，在弹出的快捷菜单中选择"动作"命令，打开"动作"面板添加代码，如图7-17所示。

图 7-16

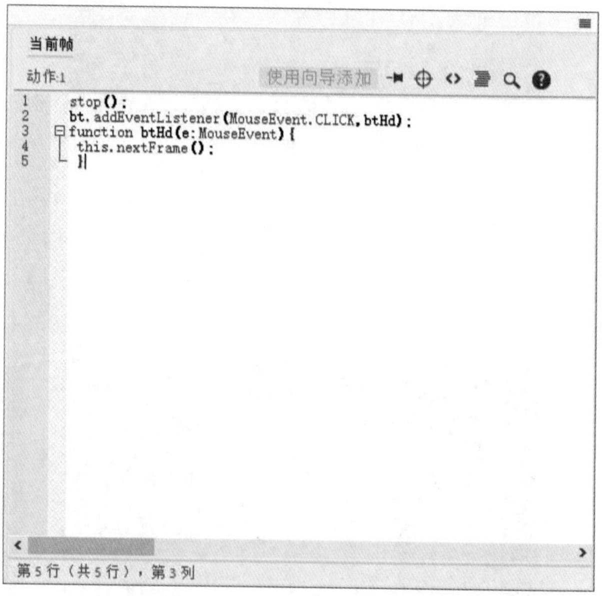

```
stop();
bt.addEventListener(MouseEvent.CLICK,btHd);
function btHd(e:MouseEvent) {
    this.nextFrame();
}
```

图 7-17

步骤 15 选择第1帧并右击，在弹出的快捷菜单中选择"动作"命令，打开"动作"面板继续添加如下代码，效果如图7-18所示。

```
stop();
bt1.addEventListener(MouseEvent.CLICK,btHd);
function bt1Hd(e:MouseEvent){
    this.nextFrame();
    }
```

步骤 16 选择第1帧右击鼠标，在弹出的快捷菜单中选择"动作"命令，打开"动作"面板继续添加如下代码，效果如图7-19所示。

```
stop();
bt2.addEventListener(MouseEvent.CLICK,a1ClickHandler);
function a1ClickHandler(event:MouseEvent)
{
    gotoAndPlay(1);
}
```

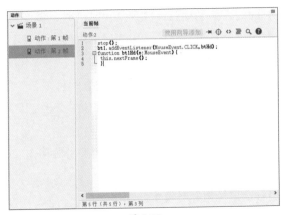

图 7-18

图 7-19

步骤 17 至此，完成电子相册的制作。按Ctrl+Enter组合键测试，单击箭头即可切换照片，如图7-20、图7-21所示。

图 7-20

图 7-21

7.5 创建交互式动画 //////////////////////////

交互式动画是指在播放动画作品时支持事件响应和交互功能的一种动画，而不是像普通动画那样从头到尾进行播放。该类型动画主要通过按钮元件和动作脚本语言ActionScript来实现。

事件、对象和动作实现了Animate中的交互功能。创建交互式动画就是设置在某种事件下对某个对象执行某个动作。事件是指用户单击按钮或影片剪辑实例、按下键盘键等操作；动作是指使播放的动画停止、使停止的动画重新播放等操作。

7.5.1 事件

事件可以根据触发方式的不同分为帧事件和用户触发事件两种类型。帧事件是基于时间的，如当动画播放到某一时刻时，事件就会被触发；而用户触发事件是基于动作的，包括鼠标事件、键盘事件和影片剪辑事件。下面简单介绍一些用户触发事件。

- press：当鼠标指针移到按钮上时，按下鼠标发生的动作。
- release：在按钮上方按下鼠标，然后松开鼠标发生的动作。
- rollOver：当鼠标指针滑入按钮时发生的动作。
- dragOver：按住鼠标不放，鼠标指针滑入按钮时发生的动作。
- keyPress：当按下指定键时发生的动作。
- mouseMove：当移动鼠标指针时发生的动作。
- load：当加载影片剪辑元件到场景中时发生的动作。
- enterFrame：当加入帧时发生的动作。
- date：当数据接收到和数据传输完时发生的动作。

7.5.2 动作

动作是ActionScript脚本语言的灵魂和编程的核心，用于控制动画播放过程中相应的程序流程和播放状态。

- Stop()语句：用于停止当前播放的影片，最常见的应用是使用按钮控制影片剪辑。
- gotoAndPlay()语句：跳转并播放，跳转到指定的场景或帧，并从该帧开始播放；如果没有指定场景，则跳转到当前场景的指定帧。
- getURL语句：用于将指定的URL加载到浏览器窗口，或者将变量数据发送给指定的URL。
- StopAllSounds语句：用于停止当前在Animate Player中播放的所有声音，该语句不影响动画的视觉效果。

课堂练习 **制作网页轮播图效果**

交互式动画播放时可以接受某种控制,用户可以通过事件与动作创建交互式动画。下面将以网页轮播图效果的制作为例,对交互式动画进行介绍。

步骤 01 打开本章素材文件"制作网页轮播图效果素材.fla",将"库"面板中的"网页01.jpg"拖曳至舞台中合适位置,如图7-22所示。

步骤 02 选中舞台中的图片,按F8键打开"转换为元件"对话框,将其转换为图形元件,如图7-23所示。修改图层_1的名称为"图像",在第50帧处按F6插入关键帧。

图 7-22

图 7-23

步骤 03 在第15帧处按F6键插入关键帧,选择第1帧中的对象,在"属性"面板中设置Alpha值为0。在第1~15帧之间创建传统补间动画,如图7-24所示。

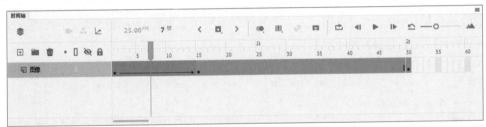

图 7-24

步骤 04 在第51帧处按F7键插入空白关键帧,将"库"面板中的"网页02.jpg"拖曳至舞台中合适位置,如图7-25所示。

步骤 05 选择第51帧舞台中的对象,按F8键打开"转换为元件"对话框,将其转换为图形元件,如图7-26所示。在第65帧处按F6键插入关键帧,在第100帧处按F5键插入帧。

图 7-25

图 7-26

步骤 06 选择第51帧舞台中的对象,在"属性"面板中调整Alpha值为0,在第51~65帧之间创建传统补间动画,如图7-27所示。

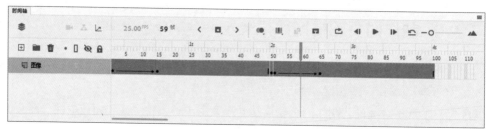

图 7-27

步骤 07 在第101帧处按F7键插入空白关键帧，将"库"面板中的"网页03.jpg"拖曳至舞台中合适位置，如图7-28所示。

步骤 08 选择第101帧舞台中的对象，按F8键打开"转换为元件"对话框，将其转换为图形元件，如图7-29所示。在第115帧处按F6键插入关键帧，在第150帧处按F5键插入帧。

图 7-28

图 7-29

步骤 09 选择第101帧处的背景图片，在"属性"面板中调整其Alpha值为0，在第101～115帧之间创建传统补间动画，如图7-30所示。

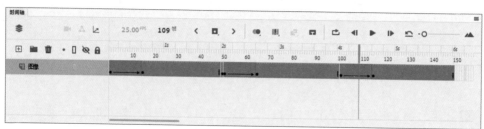

图 7-30

步骤 10 在"图像"图层上方新建"按钮"图层。使用"椭圆工具"绘制椭圆，并将该椭圆转换为按钮元件，如图7-31所示。

步骤 11 复制两个按钮元件，如图7-32所示。

图 7-31

图 7-32

步骤 12 选择第一个按钮，在"属性"面板中将实例命名为button1，如图7-33所示。使用同样的方法依次为后面2个按钮命名。

步骤 13 在"按钮"图层上方新建"动作"图层，在第1帧处右击，在弹出的快捷菜单中选择"动作"命令，打开"动作"面板，添加相应的代码，如图7-34所示。

图 7-33   图 7-34

步骤 14 至此，完成网页轮播图效果的制作。按Ctrl+Enter组合键测试效果，网页既可以随着时间播放，也可以单击圆形按钮进行切换，如图7-35、图7-36所示。

图 7-35   图 7-36

159

强化训练

1. 项目名称

制作烟花燃放动画

2. 项目分析

通过动作，可以加强用户与动画之间的联系，使动画效果更具吸引力。本项目制作烟花燃放动画。添加夜空背景，使烟花燃放效果更加明显；绘制单个火花并制作烟花逐渐消失的效果；添加动作代码，制作整体烟花燃放效果及单击燃放动画。

3. 项目效果

项目效果如图7-37、图7-38所示。

图 7-37

图 7-38

4. 操作提示

①新建空白文档，导入素材文件。

②绘制烟花造型并添加动画效果。

③添加代码，创建单击燃放动画。

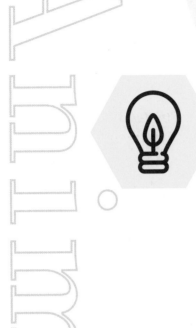

第 **8** 章

动画组件的应用

内容导读

　　组件是带有参数的影片剪辑。通过组件可以制作带有交互性的动画效果，如调查表、信息登记表等。组件的最大便利在于重复利用。本章将对组件的相关知识和应用进行详细介绍，包括组件的类型、应用方法等。

要点难点

- 认识组件，了解组件的类型
- 学会应用组件
- 掌握常用组件的应用

8.1 认识组件

组件可重复使用，常见的组件包括单选按钮、复选框、按钮等。通过使用组件可以提高工作效率。下面将对组件的相关知识进行介绍。

8.1.1 组件的类型

组件可以将应用程序的设计过程和编码分开，简化编码过程，提高代码的可复用性。设计人员可以通过更改组件的参数自定义组件的大小、位置和行为。下面将对常见的四种类型的组件进行介绍。

1. 文本类组件

使用文本类组件可以更加快捷、方便地创建文本框，并载入文档数据信息。Animate中预置了Lable、TextArea和TextInput三种常用的文本类组件。图8-1所示为这三种组件的样式效果。

图 8-1

2. 列表类组件

Animate根据不同的需求预设了不同方式的列表组件，包括Combo-Box、DataGrid和List三种列表类组件，便于用户直观地组织同类信息数据，方便选择。图8-2所示为常见的列表类组件样式。

图 8-2

3. 选择类组件

Animate中预置了Button、CheckBox、RadioButton和Numeric Stepper四种常用的选择类组件，便于用户制作一些用于网页的选择调查类文件。图8-3所示为常见的选择类组件样式。

图 8-3

4. 窗口类组件

使用窗口类组件可以制作类似于Windows操作系统的窗口界面，如带有标题栏和滚动条的资源管理器及执行某一操作时弹出的提示

框等。窗口类组件包括ScrollPane、UIScrollBar和ProgressBar等，样
式效果如图8-4所示。

图 8-4

8.1.2 组件的应用

组件提供一种功能或一组相关的可重用自定义组件。用户可以
根据需要添加、删除或预览组件效果。下面将对此进行介绍。

1. 添加组件

执行"窗口" | "组件"命令，打开"组件"面板，如图8-5所
示。在"组件"面板中选择组件类型，双击或将其拖至"库"面板
或舞台中，即可添加该组件，如图8-6所示。

图 8-5

图 8-6

在"属性"面板中可以对组件的参数进行调整，如图8-7所示。
另外，也可以单击"属性"面板中的"显示参数"按钮，打开
"组件参数"面板进行设置，如图8-8所示。

图 8-7

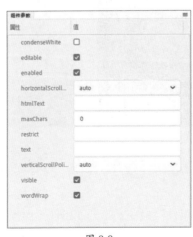

图 8-8

2. 删除组件

若对添加的组件不满意，想将其删除，可以在舞台中选中添加的组件实例，按Delete键删除即可。但这种方法只是从舞台中删除实例，在编译时该组件依然存在于应用程序中。

若想彻底删除组件，可采用以下两种方法。

- 选中"库"面板中要删除的组件，右击鼠标，在弹出的快捷菜单中选择"删除"命令或者直接按Delete键删除。
- 在"库"面板中选中要删除的组件，单击"库"面板底部的"删除"按钮 即可。

3. 预览组件

添加完组件后，按Ctrl+Enter组合键或执行"控制"｜"测试"命令即可导出SWF影片进行测试。

课堂练习　制作读书调查表

组件可以增加用户与动画之间的交互性，制作出调查表等作品。下面将以读书调查表的制作为例，对组件的应用进行介绍。

步骤 01 新建一个550像素×400像素的空白文档，执行"文件"｜"导入"｜"导入到舞台"命令，导入本章素材文件"书.jpg"，并调整至合适大小与位置，如图8-9所示。修改图层_1的名称为"背景"，并将其锁定。

步骤 02 在"背景"图层上方新建"文字"图层，使用"文本工具"输入文字，在"属性"面板中设置"字体"为"仓耳渔阳体"，"字体样式"为W03，"大小"为26 pt，填充为黑色，效果如图8-10所示。

图 8-9

图 8-10

步骤 03 使用相同的方法，继续输入文字，调整"字体样式"为W02，"大小"为18 pt，效果如图8-11所示。

步骤 04 执行"窗口"｜"组件"命令，打开"组件"面板，选择ComboBox组件，将其拖曳至舞台中合适位置，如图8-12所示。

图 8-11

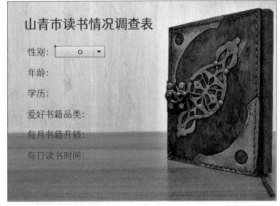

图 8-12

步骤 05 选中导入的组件，单击"属性"面板中的"显示参数"按钮 🔠，打开"组件参数"面板，如图8-13所示。

步骤 06 单击"组件参数"面板中的 🖉 按钮，打开"值"对话框，单击 ➕ 按钮添加值并进行编辑，如图8-14所示。完成后单击"确定"按钮即可。

图 8-13

图 8-14

步骤 07 使用同样的方法设置其他选项，效果如图8-15所示。

步骤 08 至此，完成读书调查表的制作。按Ctrl+Enter组合键测试，其效果如图8-16所示。

图 8-15

图 8-16

8.2 文本域组件

文本域组件（TextArea）是一个多行文字字段，具有边框和选择性的滚动条。在需要多行文本字段的任何地方都可使用TextArea组件。

打开"组件"面板，选择TextArea组件将其拖至舞台，效果如图8-17所示。在TextArea组件实例所对应的"组件参数"面板中调整组件参数，如图8-18所示。

图 8-17

图 8-18

该组件"组件参数"面板中部分常用选项的作用如下。

- editable：用于设置该字段是否可编辑。
- enabled：用于控制组件是否可用。
- horizontalScrollPolicy：用于设置水平滚动条是否打开。该值可以为on（显示）、off（不显示）或auto（自动），默认值为auto。
- maxChars：用于设置文本区域最多可容纳的字符数。
- text：用于设置TextArea组件默认显示的文本内容。
- verticalScrollPolicy：用于指示垂直滚动条是否打开。该值可以为on（显示）、off（不显示）或auto（自动），默认值为auto。
- wordWrap：用于控制文本是否自动换行。

设置完成后，按Ctrl+Enter组合键测试，效果如图8-19、图8-20所示。

图 8-19

图 8-20

8.3 复选框组件 //////////////////////////////

复选框组件（CheckBox）是一个可以选中或取消选中的方框。通过该组件，可以同时选取多个项目。当它被选中后，框中会出现一个复选标记。用户可以为CheckBox添加一个文本标签，用以说明选项。

打开"组件"面板，选择CheckBox组件将其拖至舞台，效果如图8-21所示。在CheckBox组件实例所对应的"组件参数"面板中调整组件参数，如图8-22所示。

图 8-21

图 8-22

该组件"组件参数"面板中各选项的作用如下。

● enabled：用于控制组件是否可用。

● label：用于确定复选框旁边的显示内容。默认值是Label。

● labelPlacement：用于确定复选框上标签文本的方向。其中包括left、right、top和bottom四个选项，默认值是right。

● selected：用于确定复选框的初始状态为选中或取消选中。被选中的复选框中会显示一个钩。

● visible：用于设置对象是否可见。

设置完成后，按Ctrl+Enter组合键测试，效果如图8-23、图8-24所示。

图 8-23

图 8-24

8.4 滚动条组件

滚动条组件（UiscrollBar）可以将滚动条添加到文本字段中。用户可以在创作时将滚动条添加到文本字段中，也可以使用ActionScript在运行时添加。

打开"组件"面板，选择UiscrollBar组件将其拖至动态文本框中，效果如图8-25所示。在 UiscrollBar组件实例所对应的"组件参数"面板中调整组件参数，如图8-26所示。

> **知识拓展**
>
> 如果滚动条的长度小于其滚动箭头的加总尺寸，则滚动条将无法正确显示。如果调整滚动条的尺寸以至没有足够的空间留给滚动框（滑块），则Animate会使滚动框变为不可见。

图 8-25   图 8-26

该组件"组件参数"面板中各选项的作用如下。

- direction：用于设置Uiscrollbar组件的方向是横向或纵向。
- scrollTargetName：用于设置滚动条的目标名称。
- visible：用于控制UiscrollBar组件是否可见。

设置完成后，按Ctrl+Enter组合键测试，效果如图8-27、图8-28所示。

> **操作技巧**
>
> 使用UiscrollBar组件时，需先制作一个动态文本框，再将该组件拖曳至动态文本框中使用。

图 8-27   图 8-28

课堂练习 **制作诗词欣赏动画**

在页面有限的情况下，使用滚动条组件（UiscrollBar）可以更好地展示文字。下面将以诗词欣赏动画的制作为例，对滚动条组件（UiscrollBar）进行介绍。

步骤 01 新建一个550像素×400像素的空白文档，按Ctrl+R组合键，将本章素材文件"荷花.jpg"导入舞台，并调整至合适大小与位置，如图8-29所示。修改图层_1的名称为"背景"，并将其锁定。

步骤 02 在"背景"图层上方新建"矩形"图层，使用"矩形工具"绘制白色矩形，并将其转换为影片剪辑元件，在"属性"面板中设置Alpha值为50%，效果如图8-30所示。

图 8-29　　　　　　　　　　　　　　　图 8-30

步骤 03 在"矩形"图层上方新建"文字"图层，使用"文字工具"输入文字，在"属性"面板中设置"字体"为"仓耳渔阳体"，"字体样式"分别为W04和W03，"大小"分别为21 pt和16 pt，"填充"为白色，效果如图8-31所示。

步骤 04 选中"文字工具"，在"属性"面板中设置"文本类型"为"动态文本"，并设置"字体"为"仓耳渔阳体"，"字体样式"为W03，"大小"为18 pt，"填充"为白色，在舞台中绘制文本框，如图8-32所示。

图 8-31　　　　　　　　　　　　　　　图 8-32

步骤 05 选中绘制的文本框，在"属性"面板中设置实例名称为txt，如图8-33所示。

步骤 06 执行"窗口"｜"组件"命令，打开"组件"面板，选择UiscrollBar组件，将其拖曳至文本框中，如图8-34所示。

图 8-33　　　　　　　　　　　　　　　图 8-34

步骤 07 选中组件，在"属性"面板中单击"显示参数"按钮 ，打开"组件参数"面板设置参数，如图8-35所示。

步骤 08 在"文字"图层上方新建"动作"图层，选中第1帧并右击，在弹出的快捷菜单中选择"动作"命令，打开"动作"面板添加如下代码，效果如图8-36所示。

```
txt.text = "燎沉香，消溽暑。\r\r鸟雀呼晴，\r\r侵晓窥檐语。\r\r叶上初阳干宿雨，\r\r水面清圆，\r\r一一风荷举。\r\r故乡遥，何日去。\r\r家住吴门，\r\r久作长安旅。\r\r五月渔郎相忆否？\r\r小楫轻舟，\r\r梦入芙蓉浦。"
```

图 8-35

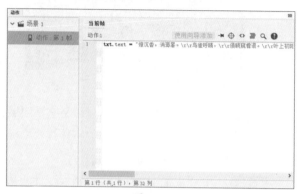

图 8-36

步骤 09 至此，完成诗词欣赏页面的制作。按Ctrl+Enter组合键测试，效果如图8-37、图8-38所示。

图 8-37

图 8-38

8.5 下拉列表框组件

下拉列表框组件（ComboBox）与对话框中的下拉列表框类似，单击右侧的下拉按钮即可弹出相应的下拉列表，根据需要选择即可。

打开"组件"面板，选择ComboBox组件将其拖至舞台，效果如图8-39所示。在ComboBox组件实例所对应的"组件参数"面板中调整组件参数，如图8-40所示。

图 8-39

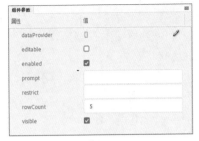

图 8-40

该组件"组件参数"面板中部分常用选项的作用如下。

- dataProvider：用于将数据值与ComboBox组件中的每个项目相关联。单击 按钮可以打开"值"对话框设置下拉列表框中的值。
- editable：用于决定用户是否可以在下拉列表框中输入文本。
- rowCount：用于确定在不使用滚动条时最多可以显示的项目数。默认值为5。

设置完成后，按Ctrl+Enter组合键测试，效果如图8-41、图8-42所示。

图 8-41

图 8-42

课堂练习 制作个人信息登记表

在线上登记信息时，常常会用到列表框组件，以方便用户的选择。下面将以个人信息登记表的制作为例，对列表框组件进行介绍。

步骤 01 新建一个550像素×400像素的空白文档，按Ctrl+R组合键，将本章素材文件"背景.jpg"导入舞台，并调整至合适大小与位置，如图8-43所示。修改图层_1的名称为"背景"，并将其锁定。

步骤 02 在"背景"图层上方新建"调查"图层，使用"文本工具"输入文字，在"属性"面板中设置标题文字"字体"为"楷体"，"大小"为24 pt，问题文字"字体"为"仓耳渔阳体"，"样式"为W02，"大小"为15 pt，颜色均为黑色，效果如图8-44所示。

图 8-43

图 8-44

步骤 03 使用"矩形工具"在标题文字周围绘制矩形，设置"笔触"为#4D581E，"笔触大小"为2，"填充"为无，效果如图8-45所示。

步骤 04 在"调查"图层和"背景"图层的第2帧处按F6键插入关键帧，设置"调查图层"第2帧的舞台效果，如图8-46所示。

图 8-45

图 8-46

步骤 05 在"调查"图层上方新建"组件"图层，切换至第1帧，在"组件"面板中选择TextInput组件拖曳至舞台中合适位置，如图8-47所示。

步骤 06 选中组件，在"属性"面板中设置实例名称为_name，单击"显示参数" 按钮🏛，打开"组件参数"面板设置参数，如图8-48所示。

图 8-47

图 8-48

步骤 07 在"组件"面板中选择RadioButton组件拖曳至"性别"文字右侧,重复一次,如图8-49所示。

步骤 08 选中左侧的RadioButton组件,在"属性"面板中设置实例名称为_boy,在"组件参数"面板中设置参数,如图8-50所示。

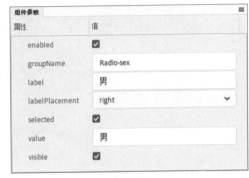

图 8-49 图 8-50

步骤 09 使用相同的方法,选中右侧的RadioButton组件,设置实例名称为_girl,并在"组件参数"面板中设置参数,如图8-51所示。

步骤 10 完成后效果如图8-52所示。

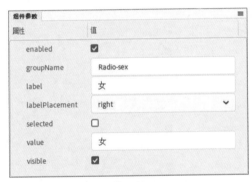

图 8-51 图 8-52

步骤 11 在"组件"面板中选择TextInput组件拖曳至舞台中合适位置,如图8-53所示。

步骤 12 选中组件,在"属性"面板中设置实例名称为_age,单击"显示参数"按钮 ,打开"组件参数"面板设置参数,如图8-54所示。

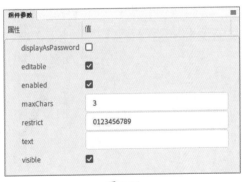

图 8-53 图 8-54

步骤 13 选择"组件"面板中的ComboBox组件拖曳至舞台中，如图8-55所示。

步骤 14 选中组件，在"属性"面板中设置实例名称为_xueli，单击"显示参数"按钮🔲，打开"组件参数"面板，单击🖉按钮，打开"值"对话框，单击按钮➕添加值并进行编辑，效果如图8-56所示。完成后单击"确定"按钮即可。

图 8-55　　　　　　　　　　　　　　　　　　图 8-56

步骤 15 在"组件"面板中选择RadioButton组件拖曳至"部门"下方，重复三次，如图8-57所示。

步骤 16 在"属性"面板中从左至右依次将实例命名为_b1、_b2、_b3、_b4，在"组件参数"面板中设置参数。图8-58所示为左侧第一个实例的"组件参数"设置面板。

图 8-57　　　　　　　　　　　　　　　　　　图 8-58

步骤 17 其余三个仅修改label值和value值，取消选中selected复选框，效果如图8-59所示。

步骤 18 使用相同的方法，在"电话"右侧添加TextInput组件，在"属性"面板中设置实例名称为_phone，在"组件参数"面板中设置参数，如图8-60所示。

图 8-59　　　　　　　　　　　　　　　　　　图 8-60

步骤 **19** 在页面最下方添加Button组件，在"属性"面板中设置实例名称为_tijiao，在"组件参数"面板中设置参数，如图8-61所示。

步骤 **20** 在"组件"图层的第2帧处按F7键插入空白关键帧，选中该帧，将ScrollPane组件和Button组件拖曳至舞台中合适位置，如图8-62所示。

图 8-61

图 8-62

步骤 **21** 选中舞台中的ScrollPane组件，在"属性"面板中设置实例名称为_jieguo，使用"文本工具"在该组件上绘制文本框，在"属性"面板中设置实例名称为_result，并设置字体、字号等参数，如图8-63所示。

步骤 **22** 选中Button组件，在"属性"面板中设置实例名称为_back，在"组件参数"面板中设置参数，如图8-64所示。

图 8-63

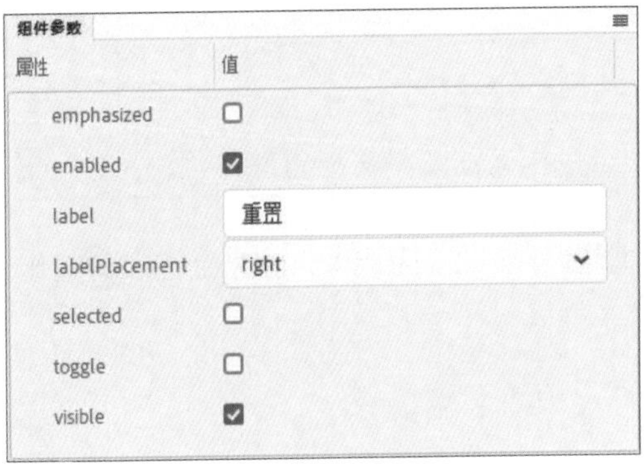

图 8-64

步骤 **23** 在"组件"图层上方新建"动作"图层,选中第1帧,右击,在弹出的快捷菜单中选择"动作"命令,打开"动作"面板,输入如下代码。

```
stop();
var temp:String = "";
var bm:String = "市场部";
var type:String = "";
//部门
function clickHandler2(event:MouseEvent):void
{
    bm = event.currentTarget.label;
}
_b1.addEventListener(MouseEvent.CLICK, clickHandler2);
_b2.addEventListener(MouseEvent.CLICK, clickHandler2);
_b3.addEventListener(MouseEvent.CLICK, clickHandler2);
_b4.addEventListener(MouseEvent.CLICK, clickHandler2);
function _tijiaoclickHandler(event:MouseEvent):void
{
    //取得当前的数据
    temp = "姓名: " + _name.text + "\r\r性别: ";
    if (_girl.selected)
    {
        temp += _girl.value;
    }
    else if (_boy.selected)
    {
        temp += _boy.value;
    }
    temp += "\r\r年龄: " + _age.text + "\r\r学历: " + _xueli.selectedItem.data + "\r\r部门: " + bm;
    temp += "\r\r电话" + _phone.text;
    //跳转
    this.gotoAndStop(2);
}
_tijiao.addEventListener(MouseEvent.CLICK, _tijiaoclickHandler);
```

步骤 **24** 在"动作"图层的第2帧处按F7键插入空白关键帧,在"动作"面板中输入如下代码。

```
_result.text = temp;
stop();
function _backclickHandler(event:MouseEvent):void
{
    gotoAndStop(1);
}
_back.addEventListener(MouseEvent.CLICK, _backclickHandler);
```

步骤 **25** 至此,完成个人信息登记表的制作。按Ctrl+Enter组合键测试,效果如图8-65、图8-66所示。

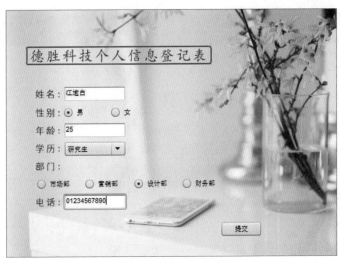

图 8-65

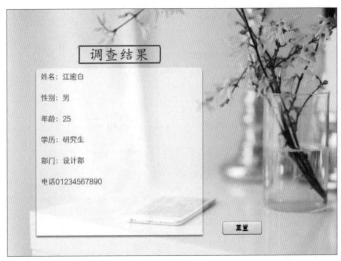

图 8-66

学 习 心 得

强化训练

1. 项目名称

制作趣味选择题

2. 项目分析

结合组件与动画，可以制作出更有趣味性的动画效果。本项目制作"ANIMATE组件小知识"动画。通过添加组件制作选项，丰富画面效果；结合代码控制选择题的判断，增加趣味性；背景选择节日卡通图像，使整体氛围更加轻松。

3. 项目效果

项目效果如图8-67、图8-68所示。

图 8-67

图 8-68

4. 操作提示

①新建文件，导入背景，添加文字。

②添加RadioButton组件并进行设置。

③添加代码进行判断。

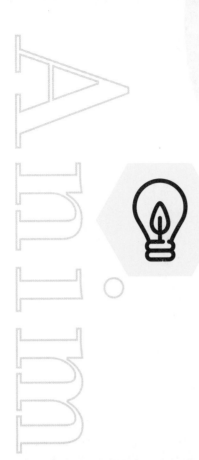

第**9**章

音视频的
应用

内容导读

为了丰富动画作品的效果，用户可以为其添加声音和视频元素。本章将对音视频动画效果的添加方法及注意事项进行介绍，包括音视频文件的导入，音视频的编辑、优化、测试等。通过对本章内容的学习，用户可以更好地掌握在动画中应用音视频素材的方法。

要点难点

- 了解声音的格式及类型
- 了解视频的类型
- 学会导入音视频文件
- 学会编辑音视频文件

9.1 声音的应用

声音可以增加动画的魅力，使制作的动画更具感染力。用户可以通过多种方式在动画中添加声音，既可以使声音独立于时间轴连续播放，也可以使用时间轴将声音与动画同步。下面将对此进行介绍。

9.1.1 声音的格式

Animate软件支持导入，以及WAV、AIFF、MP3等格式的音频文件，不同格式的音频具有不同的特点。下面将对常用音频格式的相关知识进行介绍。

1. MP3 格式

MP3是使用最广泛的一种数字音频格式。MP3是利用MPEG Audio Layer 3的技术生成的，可以将音乐以1∶10甚至1∶12的压缩率，压缩成容量较小的文件。换句话说，MP3能够在音质丢失很小的情况下把文件压缩到较小的程度。

对于追求体积小、音质好的Animate MTV来说，MP3是最理想的格式。虽然MP3经过了破坏性的压缩，但是其音质仍然大体接近CD的水平。

MP3格式具有以下四个特点。

- MP3是一个数据压缩格式。
- 它丢掉脉冲编码调制（PCM）音频数据中对人类听觉不重要的数据（类似于JPEG是一个有损图像压缩），从而使文件变得很小。
- MP3音频可以按照不同的位速进行压缩，提供了在数据大小和声音质量之间进行权衡的一个范围。MP3格式使用混合的转换机制将时域信号转换成频域信号。
- MP3不仅有广泛的用户端软件支持，也有很多的硬件支持，比如便携式媒体播放器（MP3播放器），以及DVD和CD播放器等。

2. WAV 格式

WAV是微软公司（Microsoft）开发的一种声音文件格式，是录音时用的标准的Windows文件格式，文件的扩展名为".wav"，属于无损音乐格式。

WAV文件作为最经典的Windows多媒体音频格式，应用非常广泛，它使用三个参数来表示声音，即采样位数、采样频率和声道数。

WAV音频格式的优点包括：简单的编/解码［几乎直接存储来自模/数转换器（ADC）的信号］、普遍的认同/支持以及无损耗存

知识拓展

在制作MV或游戏时，调用声音文件需要占用一定数量的磁盘空间和随机存取存储器空间，用户可以使用比WAV或AIFF格式压缩率高的MP3格式声音文件，这样可以减小作品体积，提高作品下载的速度。

储。WAV格式的主要缺点是需要音频存储空间，对于小的存储限制或小带宽应用而言，这可能是一个重要的问题。因此，WAV格式在Animate MTV中并没有得到广泛的应用。

3. AIFF 格式

AIFF是音频交换文件格式（Audio Interchange File Format）的英文缩写，是Apple公司开发的一种声音文件格式，被Macintosh平台及其应用程序所支持。AIFF是Apple公司苹果电脑应用的标准音频格式，属于QuickTime技术的一部分。

AIFF支持各种比特决议、采样率和音频通道。AIFF应用于个人计算机及其他电子音响设备以存储音乐数据。AIFF支持ACE2、ACE8、MAC3和MAC6压缩，支持16位44.1 kHz立体声。

9.1.2 声音的类型

Animate中包括事件声音和流声音两种类型的声音，下面将对这两种声音进行介绍。

1. 事件声音

事件声音必须下载完成才能播放，一旦开始播放，中间是不能停止的。事件声音可用于制作单击按钮时出现的声音效果，也可以把它放在任意想要放置的地方。

关于事件声音需注意以下三点。

- 事件声音在播放之前必须完整下载。有些动画下载时间很长，可能是因为其声音文件过大而导致的。如果要重复播放声音，不必再次下载。
- 事件声音不论动画是否发生变化，它都会独立地把声音播放完毕。如果到播放另一声音时，它也不会因此停止播放，所以有时会干扰动画的播放质量，不能实现与动画同步播放。
- 事件声音不论长短，都能只插入一个帧中。

2. 流声音

流声音与动画的播放是保持同步的，所以只需要下载前几帧就可以开始播放了。流声音可以说是依附在帧上的，动画播放的时间有多长，流声音播放的时间就有多长。即使导入的声音文件还没有播完，也可以停止播放。

关于流声音需要注意以下两点。

- 流声音可以边下载边播放，所以不必担心出现因声音文件过大而导致下载时间过长的现象。因此，可以把流声音与动画中的可视元素同步播放。
- 流声音只能在它所在的帧中播放。

9.1.3　导入声音文件

执行"文件"｜"导入"｜"导入到库"命令，打开"导入到库"对话框，在该对话框中选择要导入的音频素材，单击"打开"按钮，即可将音频导入"库"面板中，如图9-1所示。将声音文件导入"库"面板中后，选中图层，将声音从"库"面板中拖曳至舞台中即可添加到当前图层中。

图 9-1

9.1.4　在Animate中编辑声音

添加声音后，用户可以对其进行处理，使其更符合动画制作的需要。下面将对此进行介绍。

1. 设置声音属性

打开"声音属性"对话框，在该对话框中可以设置导入声音的名称、压缩方式等参数，如图9-2所示。

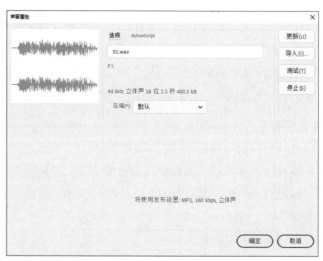

图 9-2

2. 设置声音的同步方式

在"属性"面板中可以设置声音与动画是否进行同步播放。在

"时间轴"面板中选中声音所在的帧，单击"属性"面板"声音"区域中的"同步"下拉列表框，从中即可选择同步类型，如图9-3所示。

"同步"下拉列表框中各选项的作用如下。

- **事件**：默认选项，选择该选项，必须等声音全部下载完毕后才能播放动画，声音开始播放，并独立于时间轴播放完全部声音，即使影片停止也继续播放。一般在不需要控制声音播放的动画中使用。
- **开始**：该选项的功能与"事件"选项的功能近似，若选择的声音实例已在时间轴上的其他地方播放过了，Animate将不会再播放该实例。
- **停止**：可以使正在播放的声音文件停止。
- **数据流**：将使动画与声音同步，以便在Web站点上播放。

3. 设置声音的重复播放

在"属性"面板中，还可以设置声音重复或循环播放，如图9-4所示。

这两个选项的作用分别如下。

- **重复**：选择该选项，在右侧的文本框中可以设置播放的次数，默认播放一次。
- **循环**：选择该选项，声音可以一直不停地循环播放。

图 9-3

图 9-4

4. 设置声音的效果

"属性"面板"声音"区域中的"效果"下拉列表框中提供了多种播放声音的效果选项，如图9-5所示。

"效果"下拉列表框中各选项的作用如下。

- **无**：不使用任何效果。
- **左声道/右声道**：只在左声道或者右声道播放音频。
- **向右淡出**：声音从左声道传到右声道。

- **向左淡出：** 声音从右声道传到左声道。
- **淡入：** 表示在声音的持续时间内逐渐增大声强。
- **淡出：** 表示在声音的持续时间内逐渐减小声强。
- **自定义：** 选择该选项，将打开"编辑封套"对话框，如图9-6所示。用户可以在该对话框中对音频进行编辑，创建独属于自己的音频效果。

图 9-5   图 9-6

　　"编辑封套"对话框中分为上下两个编辑区，上方代表左声道波形编辑区，下方代表右声道波形编辑区，在每个编辑区的上方都有一条带有小方块的控制线，通过控制线可以调整声音的大小、淡出和淡入等。

　　"编辑封套"对话框中各选项的作用如下。

- **效果：** 在该下拉列表框中可以选择预设的声音效果。
- **"播放声音"按钮 ▶和"停止声音"按钮 ■：** 用于播放或暂停编辑后的声音。
- **放大按钮 ⊕ 和缩小按钮 ⊖：** 单击这两个按钮，可以使显示窗口内的声音波形在水平方向放大或缩小。
- **秒按钮 ⏱ 和帧按钮 ⊞：** 单击这两个按钮，可以在秒和帧之间切换时间单位。
- **灰色控制条 ▌：** 拖动上下声音波形之间刻度栏内的灰色控制条，可以截取声音片段。

9.1.5　声音的优化

　　音频的采样率、压缩率对输出动画的声音质量和文件大小起决定性作用。要得到更好的声音质量，必须对动画声音进行多次编

辑。压缩率越大，采样率越小，文件的体积也就会越小，但是质量
也会更差。用户可以根据实际需要在"声音属性"面板中设置音频
文件的压缩方式，以控制Animate文件的大小，从而方便上传网页。

在"库"面板中选择音频文件，双击其名称前的◄●图标，打开
"声音属性"对话框，在该对话框的"压缩"下拉列表框中即可设置
音频的压缩方式，包括"默认"、ADPCM、MP3、Raw和"语音"
五个选项，如图9-7所示。

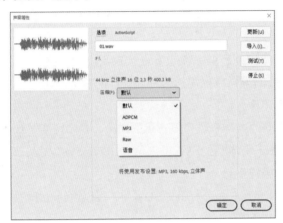

图 9-7

下面将对这五种压缩方式进行介绍。

1. 默认

选择"默认"压缩方式，将使用"发布设置"对话框中的默认
声音压缩设置。

2. ADPCM

ADPCM压缩适合对较短的事件声音进行压缩，可以根据需要
设置声音属性。例如，鼠标点击音这样的短事件音，一般选用该压
缩方式。选择该选项后，会在"压缩"下拉列表框的下方出现有关
ADPCM压缩的设置选项，如图9-8所示。

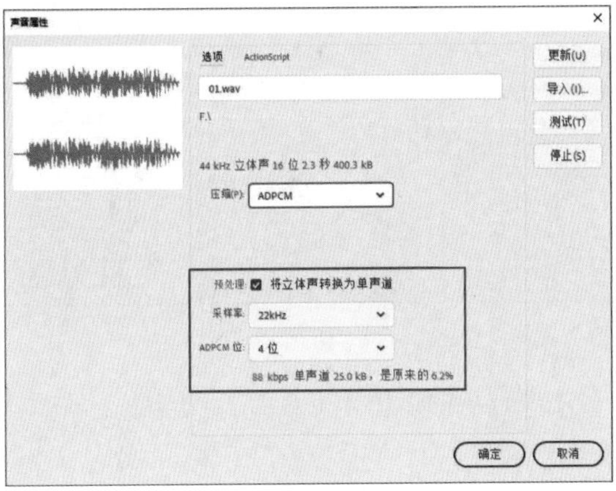

图 9-8

其中，各主要选项的作用如下。

1）预处理

若选中"将立体声转换成单声道"复选框，会将混合立体声转换为单声道，而原始声音为单声道则不受此选项影响。

2）采样率

采样率的大小关系到音频文件的大小，较低的采样率可减小文件，但也会降低声音品质。Animate不能提高导入声音的采样率。例如，导入的音频为11 kHz，即使将它设置为22 kHz，也只是11 kHz的输出效果。

采样率下拉列表框中各选项的作用如下。

● 5 kHz的采样率仅能达到一般声音的质量，如电话、人的讲话等简单声音。

● 11 kHz的采样率是一般音乐的质量，是CD音质的1/4。

● 22 kHz 采样率的声音可以达到CD音质的1/2，一般都选用这样的采样率。

● 44 kHz的采样率是标准的CD音质，可以达到很好的听觉效果。

3）ADPCM位

从其下拉列表框中可以选择2～5位的选项，据此可以调整文件的大小。

3. MP3

MP3压缩一般用于压缩较长的流式声音，它的最大特点就是接近于CD的音质。选择该选项，会在"压缩"下拉列表框的下方出现有关MP3压缩的设置选项，如图9-9所示。

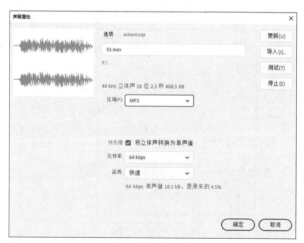

图 9-9

其中，各主要选项的作用如下。

1）比特率

该选项用于决定导出的声音文件每秒播放的位数。导出声音时，需要将比特率设为16 kb/s或更高，以获得最佳效果，比特率的范围为8～160 kb/s。

2）品质

可以根据压缩文件的需求，进行适当的选择。在该下拉列表框中包含"快速""中"和"最佳"三个选项。

4. Raw

Raw压缩方式不会压缩导出的声音文件。选择该选项后，会在"压缩"下拉列表框的下方出现有关Raw压缩的设置选项，如图9-10所示。

图 9-10

设置"压缩"类型为Raw方式后，只需要设置采样率和预处理，具体设置与ADPCM压缩相同。

5. 语音

"语音"压缩是一种适合于语音的压缩方式导出声音。选择该选项后，会在"压缩"下拉列表框的下方出现有关语音压缩的设置选项，如图9-11所示。只需要设置采样率和预处理即可。

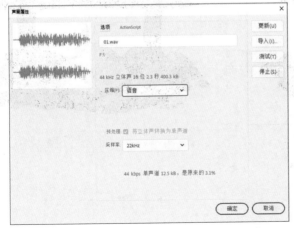

图 9-11

课堂练习 为动画添加声音效果

对大部分动画来说，具有音效的动画总是更具吸引力。下面将以为动画添加音效为例，对声音的添加进行介绍。

步骤 01 打开本章素材文件"添加动画音效素材.fla"，将"库"面板中的火堆图片拖曳至舞台合适位置，如图9-12所示。

步骤 02 按F8键打开"转换为元件"对话框，将其转换为影片剪辑元件，如图9-13所示。

图 9-12

图 9-13

步骤 03 双击进入元件编辑模式，新建图层，将"库"面板中的火焰影片剪辑元件拖曳至舞台中，如图9-14所示。在图层_1和图层_2的第50帧处按F5键插入普通帧。

步骤 04 新建图层，将"库"面板中的"火的音效"拖至舞台中，此时舞台上没有任何变化，但是时间轴上显示有声音的音轨。切换至场景1，按Ctrl+Enter组合键测试，效果如图9-15所示。

图 9-14

图 9-15

9.2　视频的应用 ///////////////////////////////////

　　将视频文件导入Animate软件中后，用户可以对视频素材进行裁剪等操作，还可以控制播放进程，但是不能修改视频中的具体内容。下面将对视频的应用进行介绍。

9.2.1　视频的类型

　　在Animate中可以导入FLV或H.264格式编码的视频文件。在导入时，"导入视频"对话框会对导入的视频文件进行检查，若不是Animate可以播放的格式，将会进行提醒。

9.2.2　导入视频文件

　　执行"文件"｜"导入"｜"导入视频"命令，即可打开"导入视频"对话框，如图9-16所示。

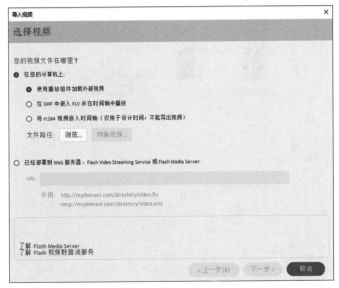

图 9-16

　　在"导入视频"对话框中提供了三个视频导入选项，这三个选项的作用分别如下。

　　1）使用播放组件加载外部视频

　　选择该选项可导入视频并创建 FLVPlayback组件的实例以控制视频回放。将Animate文档作为SWF发布并上传到Web服务器时，必须将视频文件上传到Web服务器或Animate Media Server，并按照已上传视频文件的位置配置FLVPlayback组件。

　　2）在SWF中嵌入FLV并在时间轴中播放

　　选择该选项可将FLV嵌入Animate文档中。这样导入视频时，该视频放置于时间轴中可以看到时间轴帧所表示的各个视频帧的位

> **操作技巧**
>
> 　　若加载的视频格式不对，必须先转换格式，一般转换成.fla格式。

置。嵌入的FLV视频文件成为Animate文档的一部分，该选项可以使此视频文件与舞台上的其他元素同步，但是也可能会出现声音不同步的问题，同时SWF的文件会变大。一般来说，品质越高，文件也越大。

3）将H.264视频嵌入时间轴（仅用于设计时间，不能导出视频）

选择该选项可将H.264视频嵌入Animate文档中。使用此选项导入视频时，为了使视频作为设计阶段制作动画的参考，可以将视频放置在舞台上。在拖曳或播放时间轴时，视频中的帧将呈现在舞台上，相关帧的音频也将播放。

以选择"使用播放组件加载外部视频"选项导入视频为例，选择该选项后，单击"浏览"按钮，打开"打开"对话框并选择合适的视频素材，如图9-17所示。单击"打开"按钮，切换至"导入视频"对话框，单击"下一步"按钮，设定外观，如图9-18所示。

图 9-17

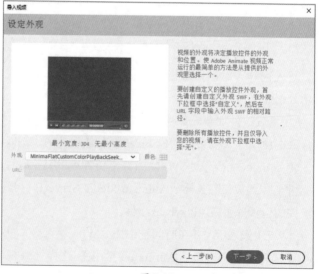

图 9-18

　　单击"下一步"按钮，完成视频导入，如图9-19所示。单击
"完成"按钮，即可在场景中看到导入的视频，如图9-20所示。

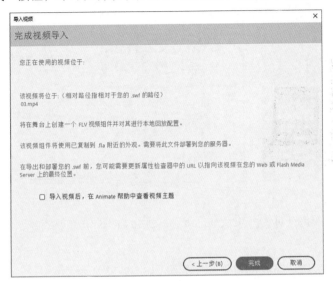

图 9-19

图 9-20

课堂练习　在动画中播放视频

　　用户可以通过组件在Animate软件中控制导入视频的播放与暂停状态。下面将以在动画中播放视频为例，对视频的导入进行介绍。

　　步骤 01 新建一个960像素×720像素的空白文档。按Ctrl+R组合键导入本章素材文件"电脑.jpg"，如图9-21所示。修改"图层_1"的名称为"背景"，锁定"背景"图层。

　　步骤 02 在"背景"图层上新建"视频"图层，执行"文件"｜"导入"｜"导入视频"命令，打开"导入视频"对话框，选择"使用播放组件加载外部视频"单选按钮，单击"浏览"按钮。选择本章素材文件"风景.mp4"，单击"打开"按钮，切换至"导入视频"对话框，如图9-22所示。

图 9-21

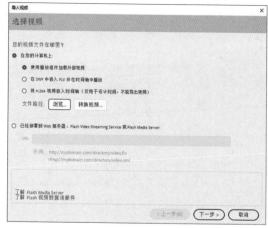

图 9-22

步骤 03 单击"下一步"按钮，在"设定外观"界面的"外观"下拉列表框中选择合适的外观选项，如图9-23所示。

步骤 04 单击"下一步"按钮，切换至"完成视频导入"界面，如图9-24所示。

图 9-23

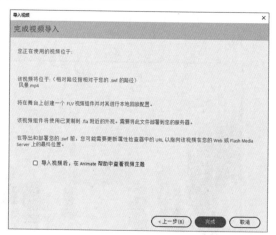

图 9-24

步骤 05 单击"完成"按钮，导入视频素材，使用"任意变形工具"调整视频大小，如图9-25所示。

步骤 06 按Ctrl+Enter组合键测试，单击进度条即可控制视频的播放，效果如图9-26所示。

图 9-25

图 9-26

至此，完成视频的播放。

9.2.3 处理导入的视频文件

在“属性”面板中可以对导入视频的实例名称、位置和大小等参数进行修改，如图9-27所示。同时，用户还可以通过单击“显示参数”按钮，打开“组件参数”面板对导入的视频进行设置，如图9-28所示。

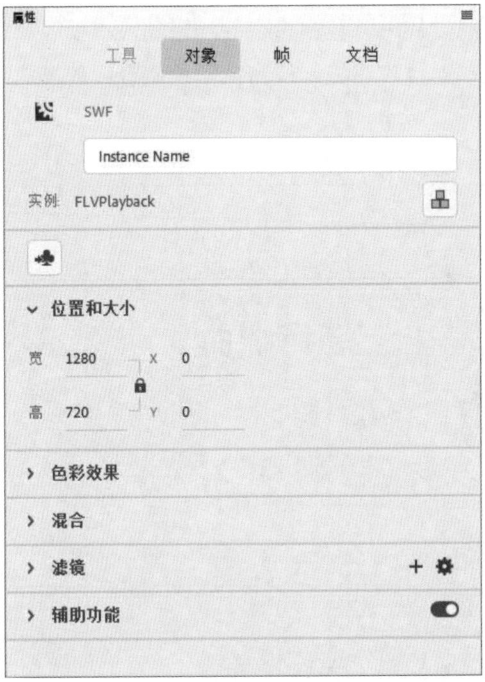

图 9-27

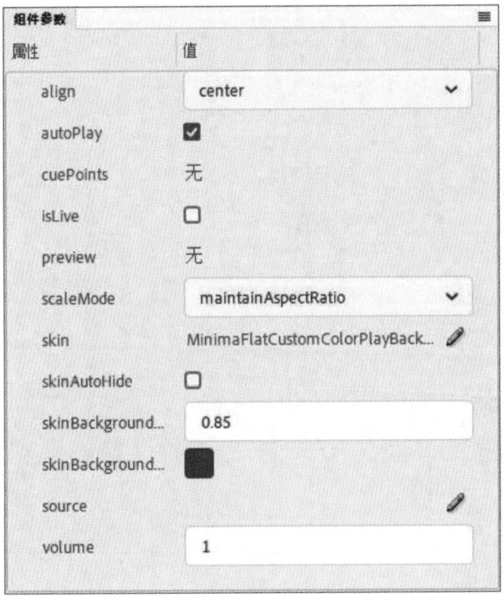

图 9-28

学习笔记

强化训练

1. 项目名称

　　制作歌曲播放动画

2. 项目分析

　　音视频的添加并不是孤立的，用户可以通过代码，控制音视频的添加。本项目制作歌曲播放动画。添加音效影片剪辑元件，制作动画效果；通过代码控制按钮从而控制音频的播放状态；背景选择明亮的黄色，更具热情的效果。

3. 项目效果

　　项目效果如图9-29、图9-30所示。

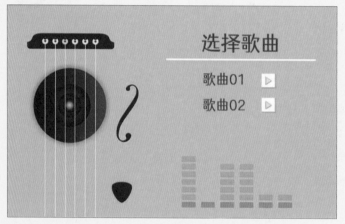

图 9-29

图 9-30

4. 操作提示

　　①打开本章素材文件，在舞台中布局素材。

　　②绘制按钮元件，添加音频，在"属性"面板中设置音频属性。

　　③添加代码，控制音频的选择。

第**10**章

动画的输出

内容导读

动画制作完成后，用户可以测试动画检查效果，还可以对动画进行优化，以便后续与其他软件进行衔接。本章将对动画的输出知识进行介绍，包括测试动画、优化动画、发布动画及导出动画等。

要点难点

- 学会测试与优化动画
- 了解发布动画的方法
- 学会导出动画

10.1 测试动画

测试动画可以很好地检查动画是否达到设计要求。用户可以通过在测试环境中测试和在编辑模式中测试两种方式测试制作完成的动画。下面将对此进行介绍。

10.1.1 在测试环境中测试

在测试环境中测试动画可以更直观地看到动画的效果，更精准地评估动画、动作脚本或其他重要的动画元素是否满足制作需求。执行"控制"｜"测试"命令或按Ctrl+Enter组合键，即可在测试环境中测试影片。

在测试环境中测试的优点是可以完整地测试动画，但是该方式只能完整地播放测试，不能单独选择某一段进行测试。

学习笔记

10.1.2 在编辑模式中测试

在编辑环境中可以简单地测试动画的效果，如按钮状态、主时间轴上的声音等。移动时间线至第1帧，执行"控制"｜"播放"命令或按Enter键，即可在编辑模式中进行测试。下面介绍在编辑模式中可测试和不可测试的内容。

1. 可测试的内容

在编辑模式下可以测试以下四种内容。

1）按钮状态

可以测试按钮在弹起、按下、触模和单击状态下的外观。

2）主时间轴上的声音

播放时间轴时，可以试听放置在主时间轴上的声音（包括与舞台动画同步的声音）。

3）主时间轴上的帧动作

任何附着在帧或按钮上的goto、Play和Stop动作都将在主时间轴上起作用。

4）主时间轴上的动画

可以测试主时间轴上的动画（包括形状和动画过渡）。这里说的是主时间轴，不包括动画剪辑或按钮元件所对应的时间轴。

2. 不可测试的内容

在Animate软件的编辑环境中不可测试以下四种内容。

1）动画剪辑

动画剪辑中的声音、动画和动作将不可见或不起作用，只有动画剪辑的第一帧才会出现在编辑环境中。

2）动作

用户无法测试交互作用、鼠标事件或依赖其他动作的功能。

3）动画速度

Animate编辑环境中的重放速度比最终优化和导出的动画慢。

4）下载性能

用户无法在编辑环境中测试动画在Web上的流动或下载性能。

与在测试环境中测试相比，在编辑环境中测试的优点是方便快捷，可以针对某一段动画进行单独测试。但是该测试方式测试的内容有所局限，有一些内容无法测试。

10.2 优化动画

优化动画可以减小动画的存储空间，便于后续的下载与播放。本节将对优化动画的相关知识进行介绍。

1. 优化元素和线条

优化元素和线条时需要注意以下四点。

- 组合元素。
- 使用图层将动画过程中发生变化的元素与保持不变的元素分离。
- 执行"修改"｜"形状"｜"优化"命令可将用于描述形状的分隔线的数量降至最少。
- 限制特殊线条类型的数量，如虚线、点线、锯齿线等。实线所需的内存较少。用铅笔工具创建的线条比用画笔笔触创建的线条所需的内存更少。

2. 优化文本

优化文本时需要注意以下两点。

- 限制字体和字体样式的使用，过多地使用字体或字体样式，不但会增大文件的大小，而且不利于作品风格的统一。
- 在"嵌入字体"选项中，选择嵌入所需的字符，而不要选择嵌入整个字体。

3. 优化动画

优化动画时需要注意以下六点。

- 对于多次出现的元素，将其转换为元件，然后在文档中调用该元件的实例，这样在网上浏览时下载的数据就会变少。
- 创建动画序列时，尽可能使用补间动画。补间动画所占用的文件空间要小于逐帧动画，动画帧数越多差别越明显。
- 对于动画序列，使用动画剪辑元件而不是图形元件。

- 限制每个关键帧中的改变区域；在尽可能小的区域内执行动作。
- 避免使用动画式的位图元素；使用位图图像作为背景或者使用静态元素。
- 尽可能使用MP3这种占用空间小的声音格式。

4. 优化色彩

优化色彩时需要注意以下三点。

- 在创建实例的各种颜色效果时，最好使用实例的"颜色样式"功能。使用"颜色"面板，使文档的调色板与浏览器特定的调色板相匹配。
- 在对作品影响不大的情况下，减少渐变色的使用，而代之以单色。使用渐变色填充区域比使用纯色填充区域大概多需要50个字节。
- 尽量少用Alpha透明度，它会减慢播放速度。

10.3 发布动画

动画经测试、优化后，就可以利用"发布设置"命令将其发布为不同格式的文件，以便于动画的传播。下面将对动画的发布进行介绍。

10.3.1 发布Animate文件

执行"文件"｜"发布设置"命令，或单击"属性"面板中"发布设置"区域中的"更多设置"按钮，打开"发布设置"对话框，然后切换至Flash（.swf）选项卡，如图10-1所示。

该选项卡中部分选项的作用如下。

- **目标：** 用于设置播放器版本，默认为Flash Player 26。
- **脚本：** 用于设置ActionScript版本。Animate仅支持ActionScript 3.0版本。
- **输出名称：** 用于设置文档输出名称。
- **JPEG品质：** 用于控制位图压缩，图像品质越低，生成的文件就越小；图像品质越高，生成的文件就越大。值为100时图像品质最佳，压缩比最小。
- **音频流：** 用于为SWF文件中的声音流设置采样率和压缩方式。单击"音频流"右侧的蓝色文字，即可打开"声音设置"对话框，根据需要进行设置即可，如图10-2所示。

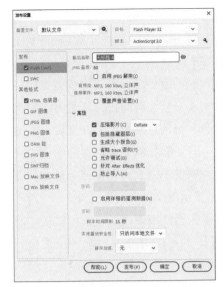

图 10-1

图 10-2

- **音频事件**：用于为SWF文件中的事件声音设置采样率和压缩
方式。单击"音频事件"右侧的蓝色文字，即可打开"声音
设置"对话框，根据需要进行设置即可。

- **覆盖声音设置**：选中该复选框后，将覆盖在"属性"面板的
"声音"部分中为个别声音指定的设置。

- **压缩影片**：该复选框默认为选中状态。用于压缩SWF文件以
减小文件和缩短下载时间。当文件包含大量文本或ActionScript
时，使用此选项十分有益。经过压缩的文件只能在Flash Player
6或更高版本中播放。

- **包括隐藏图层**：该复选框默认为选中状态。用于导出Animate
文档中所有隐藏的图层。取消选中该复选框将阻止把生成的
SWF文件中标记为隐藏的所有图层（包括嵌套在动画剪辑内
的图层）导出。这样，用户就可以通过使图层不可见来轻松
测试不同版本的Animate文档。

- **生成大小报告**：选中该复选框后，将生成一个报告，按文件
列出最终Animate内容中的数据量。

- **省略trace语句**：选中该复选框后，可使Animate忽略当前
SWF文件中的ActionScript trace语句。若选中该复选框，trace
语句的信息将不会显示在"输出"面板中。

- **允许调试**：选中该复选框后，将激活调试器并允许远程调试
Animate SWF文件。可让用户使用密码来保护SWF文件。

- **防止导入**：选中该复选框后，将防止其他人导入 SWF 文件并
将其转换回FLA文档。可使用密码来保护Animate SWF文件。

● **脚本时间限制：** 用于设置脚本在SWF文件中执行时可占用的最大时间量。在"脚本时间限制"中输入一个数值，Flash Player将取消执行超出此限制的任何脚本。

● **本地播放安全性：** 用于选择要使用的Animate安全模型，指定是授予已发布的SWF文件本地安全性访问权，还是网络安全性访问权。"只访问本地文件"可使已发布的SWF文件与本地系统上的文件和资源交互，但不能与网络上的文件和资源交互。"只访问网络"可使已发布的SWF文件与网络上的文件和资源交互，但不能与本地系统上的文件和资源交互。

学习笔记

● **硬件加速：** 若要使SWF文件能够使用硬件加速，可以从"硬件加速"下拉列表框中选择下列选项之一。第1级–直接："直接"模式通过允许Flash Player在屏幕上直接绘制，而不是让浏览器进行绘制，从而改善播放性能。第2级–GPU：在"GPU"模式中，Flash Player利用图形卡的可用计算能力执行视频播放并对图层化图形进行复合。根据用户的图形硬件的不同，这将提供更高一级的性能优势。

如果播放系统的硬件能力不足以启用加速，则Flash Player会自动恢复为正常绘制模式。若要使包含多个SWF文件的网页发挥最佳性能，只对其中的一个SWF文件启用硬件加速。在测试动画模式下，不使用硬件加速。在发布SWF文件时，嵌入该文件的HTML文件包含一个wmode HTML参数。选择第1级或第2级硬件加速会将wmode HTML参数分别设置为direct或gpu。打开硬件加速会覆盖在"发布设置"对话框的HTML选项卡中选择的"窗口模式"设置，因为该设置也存储在HTML文件的wmode参数中。

10.3.2　发布HTML文件

在Web浏览器中播放Animate内容需要一个能激活SWF文件并指定浏览器设置的HTML文档。"发布"命令会根据模板文档中的HTML参数自动生成此文档。

模板文档可以是包含适当模板变量的任意文本文件，包括纯HTML文件、含有特殊解释程序代码的文件或是Animate附带的模板。若要手动输入Animate的HTML参数或自定义内置模板，使用HTML编辑器。HTML参数确定内容出现在窗口中的位置、背景颜色、SWF文件大小等，并设置object和embed标记的属性。另外，还可以在"发布设置"对话框的HTML面板中更改这些设置和其他设置，更改这些设置会覆盖已在SWF文件中设置的选项。

执行"文件" | "发布设置"命令，打开"发布设置"对话框，选择"其他格式"中的"HTML包装器"选项，如图10-3所示。

图 10-3

下面将介绍"HTML包装器"选项卡中的部分选项。

1. 大小

该选项可以设置HTML object和embed标签中宽和高属性的值。

（1）匹配影片：使用SWF文件的大小。

（2）像素：输入宽度和高度的像素值。

（3）百分比：SWF 文件占据浏览器窗口面积的百分比。输入要使用的宽度百分比和高度百分比。

2. 播放

该选项可以控制SWF文件的播放状态和功能。

1）开始时暂停

选中该复选框后，会一直暂停播放SWF文件，直到用户单击按钮或从快捷菜单中选择"播放"选项后才开始播放。默认不选中此选项，即加载内容后就立即开始播放（PLAY参数设置为true）。

2）循环

该复选框默认处于选中状态。勾选后，内容到达最后一帧后再重复播放。取消选中此选项会使内容在到达最后一帧后停止播放。

3）显示菜单

该复选框默认处于选中状态。用户右击（Windows系统）或按住Control并单击（Macintosh系统）SWF文件时，会显示一个快捷菜单。若要在快捷菜单中只显示"关于Animate",则取消选中此复选框。默认情况下,会选中此复选框(MENU参数设置为true)。

4)设备字体

选中该复选框后,会用消除锯齿(边缘平滑)的系统字体替换用户系统上未安装的字体。使用设备字体可使小号字体清晰易辨,并能减小SWF文件的大小。此选项只影响那些包含静态文本(创作SWF文件时创建且在内容显示时不会发生更改的文本)且文本设置为用设备字体显示的SWF文件。

3. 品质

该选项用于确定时间和外观之间的平衡点。

1)低

使回放速度优先于外观,并且不使用消除锯齿功能。

2)自动降低

优先考虑速度,但是也会尽可能改善外观。回放开始时,消除锯齿功能处于关闭状态。如果Flash Player检测到处理器可以处理消除锯齿功能,就会自动打开该功能。

3)自动升高

在开始时是回放速度和外观两者并重,但在必要时会牺牲外观来保证回放速度。回放开始时,消除锯齿功能处于打开状态。如果实际帧频降到指定帧频之下,就会关闭消除锯齿功能以提高回放速度。若要模拟"视图"|"消除锯齿"设置,使用此设置。

4)中

会应用一些消除锯齿功能,但并不会平滑位图。"中"选项生成的图像品质要高于"低"选项生成的图像品质,但低于"高"选项生成的图像品质。

5)高

默认品质为"高"。使外观优先于回放速度,并始终使用消除锯齿功能。如果SWF文件不包含动画,则会对位图进行平滑处理;如果SWF文件包含动画,则不会对位图进行平滑处理。

6)最佳

提供最佳的显示品质,而不考虑回放速度。所有的输出都已消除锯齿,而且始终对位图进行平滑处理。

4. 窗口模式

该选项用于控制object和embed标记中的HTML wmode属性。

1)窗口

默认情况下,不会在object和embed标记中嵌入任何与窗口相关的属性。内容的背景不透明并使用HTML背景颜色。HTML代码无法呈现在Animate内容的上方或下方。

2）不透明无窗口

将Animate内容的背景设置为不透明，并遮蔽该内容下面的所有内容，使HTML内容显示在该内容的上方或上面。

3）透明无窗口

将Animate内容的背景设置为透明，使HTML内容显示在该内容的上方和下方。

4）直接

当使用直接模式时，在 HTML 页面中，无法将其他非 SWF 图形放置在 SWF 文件的上面。

5. 缩放

该选项用于在已更改文档原始宽度和高度的情况下将内容放到指定的边界内。

1）默认（显示全部）

在指定的区域显示整个文档，并且保持SWF文件的原始高宽比，而不发生扭曲。应用程序的两侧可能会显示边框。

2）无边框

对文档进行缩放以填充指定的区域，并保持SWF文件的原始高宽比，同时不会发生扭曲，并根据需要裁剪SWF文件边缘。

3）精确匹配

在指定区域显示整个文档，但不保持原始高宽比，因此可能会发生扭曲。

4）无缩放

禁止文档在调整Flash Player窗口大小时进行缩放。

6. HTML 对齐

该选项用于在浏览器窗口中定位SWF文件窗口。

1）默认

使内容在浏览器窗口内居中显示，如果浏览器窗口小于应用程序，则会裁剪边缘。

2）左、右、顶部或底部

将SWF文件与浏览器窗口的相应边缘对齐，并根据需要裁剪其余的三边。

10.3.3 发布EXE文件

通过将动画发布为EXE文件，可以使动画在没有安装Animate应用程序的计算机上播放。

执行"文件"｜"发布设置"命令，打开"发布设置"对话

学习笔记

Animate软件常用来制作一些复杂的动画，在动画制作完成时，即可导出动画并进行预览。若在导出动画之后预览发现声音和动画的动作对不上，可以打开"发布设置"对话框，单击"音频流"和"音频事件"选项，打开"声音设置"对话框，在"压缩"下拉列表中，选择ADPCM选项即可，如图10-5所示。

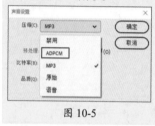

图 10-5

框，选择"Win放映文件"选项卡，单击"输出名称"选项右侧的"选择发布目标"按钮 🗁，打开"选择发布目标"对话框，选择合适的位置与名称，如图10-4所示。完成后单击"保存"按钮切换至"发布设置"对话框，单击"发布"按钮进行发布或单击"确定"按钮完成设置，再执行"文件"｜"发布"命令即可。

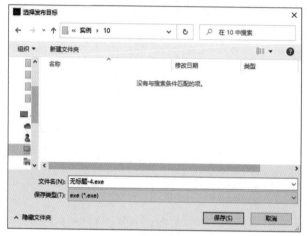

图 10-4

若想发布成MAC电脑使用的可执行格式，则选择"Mac放映文件"选项卡进行设置即可。

课堂练习 发布Animate文件

动画测试、优化完成后，用户可以根据需要选择合适的格式将其发布。下面将以Animate文件的发布为例，对发布动画的知识进行介绍。

步骤 01 执行"文件"｜"打开"命令，打开"打开"对话框，选中本章素材文件"发布Animate文件素材.fla"，如图10-6所示。单击"打开"按钮，打开素材文件。

图 10-6

步骤 02 执行"文件"｜"发布设置"命令，打开"发布设置"对话框，在该对话框中进行设置，如图10-7所示。

图 10-7

步骤 03 选择"Win放映文件"选项卡，单击"输出名称"选项右侧的"选择发布目标"按钮
📁，打开"选择发布目标"对话框，选择合适的位置与名称，如图10-8所示。

步骤 04 单击"保存"按钮，切换至"发布设置"对话框，单击"发布"按钮进行发布，即可在设置的位置找到该文件，如图10-9所示。

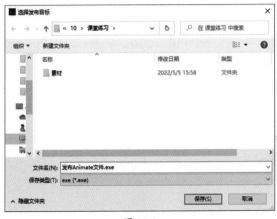

图 10-8

图 10-9

至此，完成文件的发布。

10.4　导出文件

处理完成动画后，用户可以将文档中的内容导出为图像、GIF、SWF等格式，以便后续与其他相关软件衔接，更好地进行编辑或使用。本节将对此进行介绍。

10.4.1　导出图像

该软件中可以导出SVG、JPEG、PNG和GIF四种图像格式。下面将对如何导出图像进行介绍。

1. 导出图像

制作完成Animate文档后，执行"文件"|"导出"|"导出图像"命令，打开"导出图像"对话框，如图10-10所示。在该对话框中选择合适的格式，并进行设置，完成后单击"保存"按钮，打开"另存为"对话框，如图10-11所示。在该对话框中设置参数后单击"保存"按钮即可导出图像。

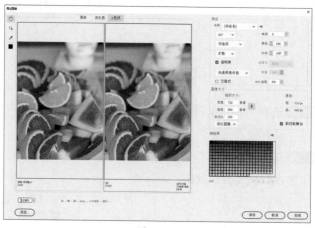

图 10-10

图 10-11

2.导出图像（旧版）

使用"导出图像（旧版）"命令可以直接打开"导出图像（旧版）"对话框保存文件。

制作完成Animate文档后，执行"文件"|"导出"|"导出图像（旧版）"命令，打开"导出图像（旧版）"对话框，如图10-12所示。选择合适的保存位置、名称及保存类型后单击"保存"按钮即可导出图像。

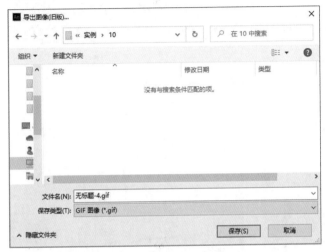

图 10-12

> **操作技巧**
>
> 保存文件后，按Ctrl+Enter组合键测试动画，将自动导出SWF格式的文件。

10.4.2　导出影片

使用"导出影片"命令可以将动画导出为包含画面、动作和声音等全部内容的动画文件。执行"文件"|"导出"|"导出影片"命令，打开"导出影片"对话框，选择SWF格式保存即可。

10.4.3　导出动画GIF

使用"导出动画GIF"命令可以导出GIF动画。执行"文件"|"导出"|"导出动画GIF"命令，打开"导出图像"对话框，设置参数后单击"保存"按钮即可。

> **知识拓展**
>
> 若想导出其他视频格式的影片，可以执行"文件"|"导出"|"导出视频/媒体"命令，打开"导出媒体"对话框进行设置。

课堂练习　导出动画GIF

制作动画后，用户可以将其导出为不同的格式，以便于播放观看。下面将以GIF动画的导出为例，对导出文件进行介绍。

步骤01 执行"文件"|"打开"命令，打开"打开"对话框，选中本章素材文件"导出GIF动画素材.fla"，如图10-13所示。单击"打开"按钮，打开素材文件，如图10-14所示。

图 10-13

图 10-14

步骤 02 按Ctrl+Enter组合键测试动画，效果如图10-15、图10-16所示。

图 10-15

图 10-16

步骤 03 执行"文件"｜"发布设置"命令，打开"发布设置"对话框，单击"其他格式"选项中的"HTML包装器"，并进行设置，如图10-17所示。

步骤 04 完成后单击"发布"按钮，即可按照设置发布动画，如图10-18所示。

图 10-17

图 10-18

步骤 **05** 执行"文件"|"导出"|"导出动画GIF"命令，打开"导出图像"对话框，保持默认设置，如图10-19所示。

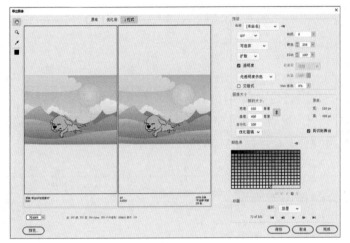

图 10-19

步骤 **06** 单击"保存"按钮，打开"另存为"对话框设置保存位置、名称等参数，如图10-20所示。完成后单击"保存"按钮即可导出动态GIF。

图 10-20

至此，完成GIF动画的导出。

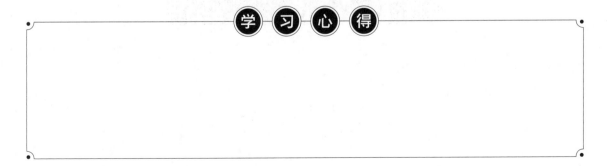

学 习 心 得

强化训练

1. 项目名称

导出黑客文字动画

2. 项目分析

制作动画后，用户可以通过设置使动画的播放与传输更加便捷。本项目将已有的素材发布为 EXE 文件和 MOV 影片，以方便观看与分享。打开素材对象后，通过"发布设置"对话框设置发布参数；通过"导出视频/媒体"命令导出 MOV 格式的文件。

3. 项目效果

项目效果如图 10-21、图 10-22 所示。

图 10-21

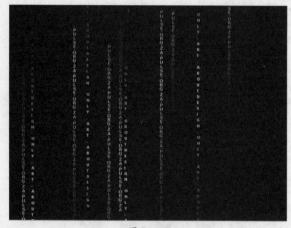

图 10-22

4. 操作提示

①打开素材文件，测试影片观看效果。

②执行"文件"｜"发布设置"命令，设置发布为 EXE 文件。

③执行"文件"｜"导出"｜"导出视频/媒体"命令，设置导出 MOV 格式的文件。

第**11**章

制作电子贺卡

内容导读

电子贺卡是二维动画中常见的一个应用场景。通过动态电子贺卡，可以增进亲友间的感情，促进交流。本章将练习制作教师节贺卡，通过添加动态效果，增强贺卡的趣味性。

要点难点

● 学会添加文字
● 学会创建并应用元件
● 熟练运用补间动画

11.1 设计解析

发送电子贺卡是现今比较常用的一种祝福方式。在制作电子贺卡之前，需要先根据贺卡的主题对其风格、布局等进行构思，从而使制作出的贺卡与主题相吻合。

11.1.1 设计思想

尊师重道一直是中华民族的传统美德，教师也是人们最亲近和尊重的职业之一。在制作教师节贺卡时，可以根据主题添加黑板等教学元素，呼应贺卡主题，还可以添加鲜花素材，表达尊敬，使整体设计温馨自然。

11.1.2 制作手法

本案例将练习制作教师节贺卡，涉及的知识点包括图形的绘制、素材的导入、补间动画的制作、音频素材的添加以及代码的编写等。在制作时，选择合适的背景素材，奠定贺卡整体基调；添加装饰物，并通过创建元件，制作丰富的动画效果；添加音频文件，烘托温馨感恩的氛围；通过代码控制播放状态。

11.2 教师节贺卡制作过程

教师节贺卡的制作可以分为背景的制作和文字动画的添加两个部分，下面将分别进行介绍。

11.2.1 教师节贺卡背景制作

教师节电子贺卡背景的制作过程具体如下。

步骤 01 打开本章素材文件"教师节贺卡素材.fla"，使用"矩形工具"绘制一个与舞台等大的矩形，在"属性"面板中设置其"笔触"为"无"，"填充"为#F7F6EC，效果如图11-1所示。

步骤 02 在"库"面板中选中"背景.jpg"素材，将其拖曳至舞台中合适位置，使用"任意变形工具"旋转素材图像并调整大小，如图11-2所示。

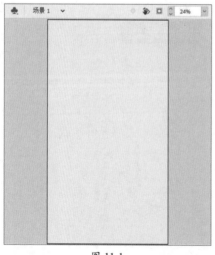
图 11-1

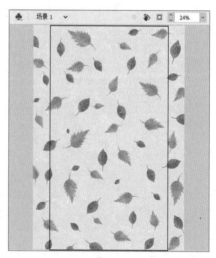
图 11-2

步骤 03 选中背景素材，按F8键打开"转换为元件"对话框，设置"名称"为"背景"，"类型"为"图形"，如图11-3所示。单击"确定"按钮，将其转换为图形元件。

步骤 04 选中舞台中的图形元件，在"属性"面板的"色彩效果"区域中选择Alpha，并设置值为12%，效果如图11-4所示。

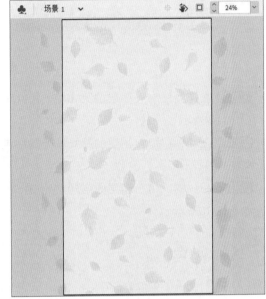

图 11-3   图 11-4

步骤 05 修改"图层_1"图层的名称为"背景"，在"背景"图层的第200帧处按F5键插入帧，锁定"背景"图层。在"背景"图层上方新建"花"图层。按Ctrl+F8组合键打开"创建新元件"对话框，设置参数，如图11-5所示。设置完成后单击"确定"按钮，新建"左花"影片剪辑元件。

步骤 06 此时，场景位于"左花"影片剪辑元件编辑模式下，从"库"面板中拖曳"花.png"素材至舞台中，如图11-6所示。

图 11-5   图 11-6

步骤 07 选中舞台中的花素材，按F8键将其转换为"左花-左"图形元件，在"图层_1"图层的第20、40、60、80、100、120、140、160、180、200帧处按F6键插入关键帧，如图11-7所示。

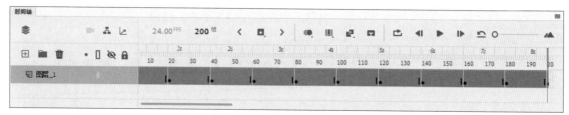

图 11-7

步骤 08 在"图层_1"图层的第10帧处按F6键插入关键帧，使用"任意变形工具"向右旋转对象，如图11-8所示。

步骤 09 在"图层_1"图层的第30帧处按F6键插入关键帧，使用"任意变形工具"向左旋转对象，如图11-9所示。

步骤 10 在"图层_1"图层的第50帧处按F6键插入关键帧，使用"任意变形工具"向右旋转对象，如图11-10所示。

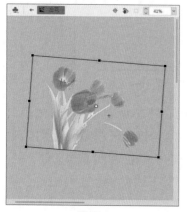

图 11-8   图 11-9   图 11-10

步骤 11 使用相同的方法，在第70、110、150、190帧插入关键帧，并向左旋转舞台中的对象；在第90、130、170帧处按F6键插入关键帧，并向右旋转舞台中的对象。此时，"时间轴"面板中的效果如图11-11所示。

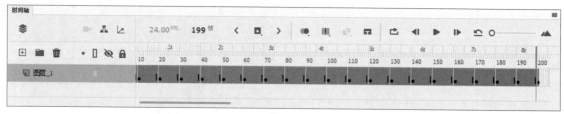

图 11-11

步骤 12 选中"图层_1"图层中的帧，右击鼠标，在弹出的快捷菜单中执行"创建传统补间"命令，创建传统补间动画，此时"时间轴"面板中的效果如图11-12所示。

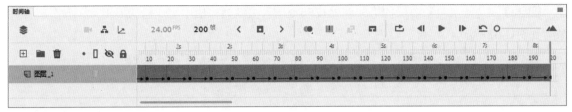

图 11-12

步骤 13 切换至场景1，选中"花"图层，从"库"面板中拖曳"左花"影片剪辑元件至舞台中合适位置，如图11-13所示。

步骤 14 按Ctrl+F8组合键新建"右花"影片剪辑元件，此时场景处于"右花"影片剪辑元件编辑模式。从"库"面板中拖曳"花.png"素材至舞台中，选中舞台中的素材，右击鼠标，在弹出的快捷菜单中执行"变形"|"水平翻转"命令，翻转素材，如图11-14所示。

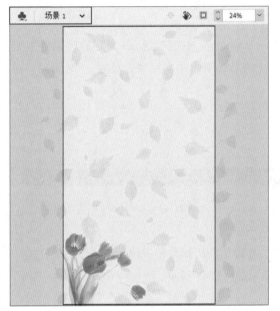

图 11-13

图 11-14

步骤 15 选中舞台中的素材，按F8键将其转换为"右花-右"图形元件，在"图层_1"图层的第20、40、60、80、100、120、140、160、180、200帧处按F6键插入关键帧，如图11-15所示。

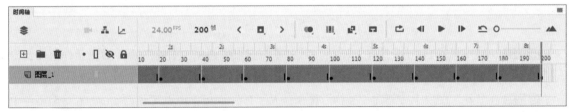

图 11-15

步骤 16 在"图层_1"图层的第10帧处按F6键插入关键帧，使用"任意变形工具"向右旋转对象，如图11-16所示。

步骤 17 在"图层_1"图层的第30帧处按F6键插入关键帧，使用"任意变形工具"向左旋转对象，如图11-17所示。

步骤 18 在"图层_1"图层的第50帧处按F6键插入关键帧，使用"任意变形工具"向右旋转对象，如图11-18所示。

图 11-16　　　　　　　　　图 11-17　　　　　　　　　图 11-18

步骤 19 使用相同的方法，在第70、110、150、190帧处插入关键帧，并向左旋转舞台中的对象；在第90、130、170帧处按F6键插入关键帧，并向右旋转舞台中的对象。此时，"时间轴"面板中的效果如图11-19所示。

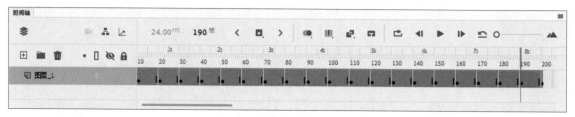

图 11-19

步骤 20 选中"图层_1"图层中的帧，右击鼠标，在弹出的快捷菜单中执行"创建传统补间"命令，创建传统补间动画，此时"时间轴"面板中的效果如图11-20所示。

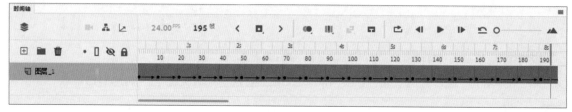

图 11-20

步骤 21 切换至场景1，选中"花"图层，从"库"面板中拖曳"右花"影片剪辑元件至舞台中合适位置，如图11-21所示。

步骤 22 在"花"图层上方新建"装饰"图层，从"库"面板中拖曳"装饰.png"素材至舞台中合适位置，使用"任意变形工具"将其旋转180°，效果如图11-22所示。

步骤 23 选中装饰素材，按住Alt键拖曳复制，右击鼠标，在弹出的快捷菜单中执行"变形"|"水平翻转"命令，翻转素材，如图11-23所示。

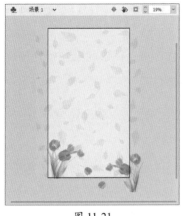

图 11-21   图 11-22   图 11-23

步骤 24 选中舞台中的两个装饰素材，按F8键将其转换为"装饰2"图形元件，在"装饰"图层的第20帧处按F6键插入关键帧，如图11-24所示。

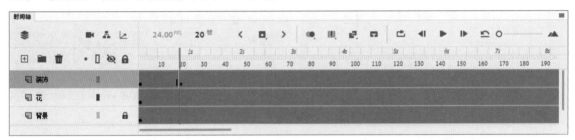

图 11-24

步骤 25 选中"装饰"图层第1帧中的对象，在"属性"面板的"色彩效果"区域中选择Alpha，设置其值为0，在舞台中使用"任意变形工具"缩放对象并上移其位置，如图11-25所示。

步骤 26 选中"装饰"图层第1～20帧之间任意一帧，右击鼠标，在弹出的快捷菜单中执行"创建传统补间"命令，创建传统补间动画，此时"时间轴"面板中的效果如图11-26所示。

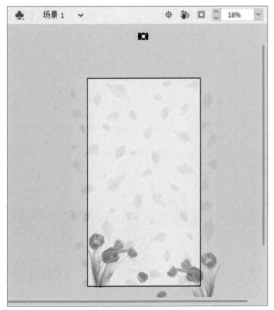

图 11-25

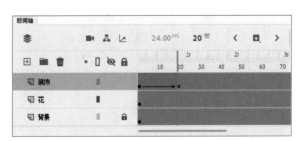

图 11-26

217

步骤27 在"装饰"图层上方新建"框"图层,从"库"面板中拖曳"框.png"素材至舞台中合适位置,如图11-27所示。

步骤28 选中"框"素材,按F8键将其转换为"框"图形元件。在"框"图层的第30帧处按F6键插入关键帧,选中第1帧关键帧向后拖曳至第10帧处,如图11-28所示。

图 11-27

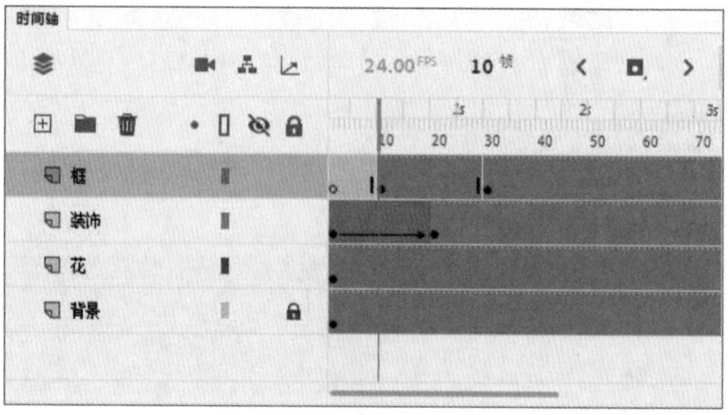

图 11-28

步骤29 选中第10帧中的对象,使用"任意变形工具"调整其大小,并进行旋转,如图11-29所示。在"属性"面板的"色彩效果"区域中选择Alpha,并设置值为0。

步骤30 选中"框"图层第10~30帧之间任意一帧,右击鼠标,在弹出的快捷菜单中执行"创建传统补间"命令,创建传统补间动画,此时"时间轴"面板中的效果如图11-30所示。

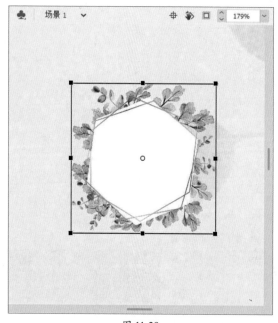

图 11-29

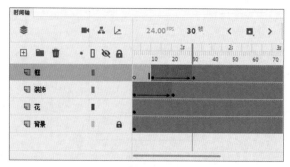

图 11-30

步骤 31 在"框"图层上方新建"遮罩"图层，使用"矩形工具"绘制与舞台等大的矩形，如图11-31所示。

步骤 32 在"时间轴"面板中选中"遮罩"图层，右击鼠标，在弹出的快捷菜单中执行"遮罩层"命令，将该图层转换为遮罩层，此时位于该图层下方的"框"图层自动转换为被遮罩层，如图11-32所示。

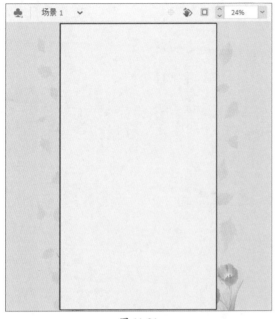

图 11-31

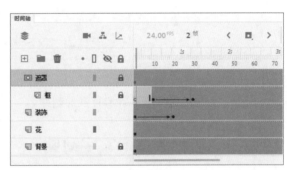

图 11-32

步骤 33 选中"背景"图层、"花"图层和"装饰"图层，将其拖曳至"框"图层的下方，并锁定图层，将"遮罩"图层下面的所有图层均转换为被遮罩层，如图11-33所示。

步骤 34 此时，舞台效果如图11-34所示。

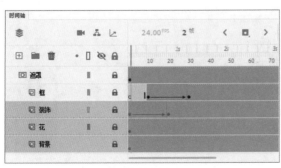

图 11-33

图 11-34

步骤35 在"遮罩"图层上方新建"音频"图层，从"库"面板中拖曳"音频.wav"素材至舞台中，选中"音频"图层中的帧，在"属性"面板中设置音频参数，如图11-35所示。

图 11-35

至此，完成教师节电子贺卡背景的制作。

11.2.2 教师节贺卡文字动画

教师节贺卡文字动画的制作过程具体如下。

步骤01 在"音频"图层上方新建"主文字"图层，在第30帧处按F6键插入关键帧，使用"文字工具"输入文字，按Enter键换行。在"属性"面板中选择合适的字体，设置"大小"为180 pt，"填充"为#15483A，单击"段落"面板中的"居中对齐"按钮 ，效果如图11-36所示。

步骤02 选中输入的文字，按F8键将其转换为"主文字"影片剪辑元件，双击进入元件编辑模式，选中文字，按Ctrl+B组合键分离文字，如图11-37所示。在"图层_1"图层的第120帧处按F5键插入帧。

步骤03 选中分离后的文字，右击鼠标，在弹出的快捷菜单中执行"分散到图层"命令，将其分散至图层，如图11-38所示。

图 11-36

图 11-37

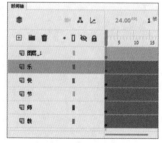

图 11-38

步骤 04 将分离后的单个文字分别转换为相应名称的影片剪辑元件。选中所有文字图层的第20帧，按F6键插入关键帧；选中所有文字图层的第25帧，按F6键插入关键帧，如图11-39所示。

步骤 05 选择所有文字图层的第1帧，选中舞台中的对象并向下移动，在"属性"面板的"色彩效果"区域中选择Alpha，并设置值为0，效果如图11-40所示。

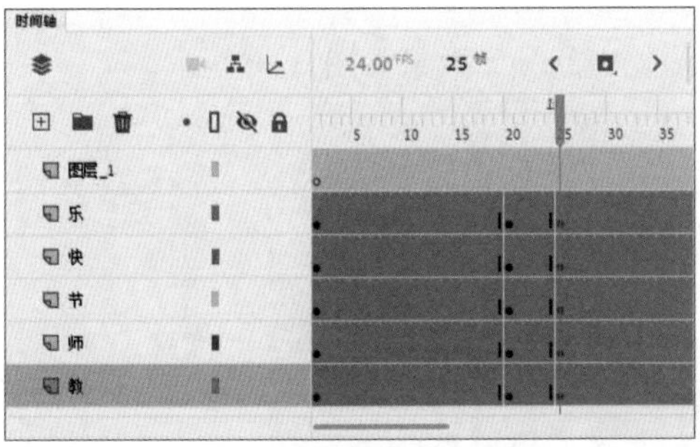

图 11-39

图 11-40

步骤 06 选择所有文字图层的第20帧，选中舞台中的对象并向上移动，单击"属性"面板"滤镜"区域中的"添加滤镜"按钮 **+**，在弹出的菜单中执行"模糊"滤镜，并设置参数，如图11-41所示。此时，舞台效果如图11-42所示。

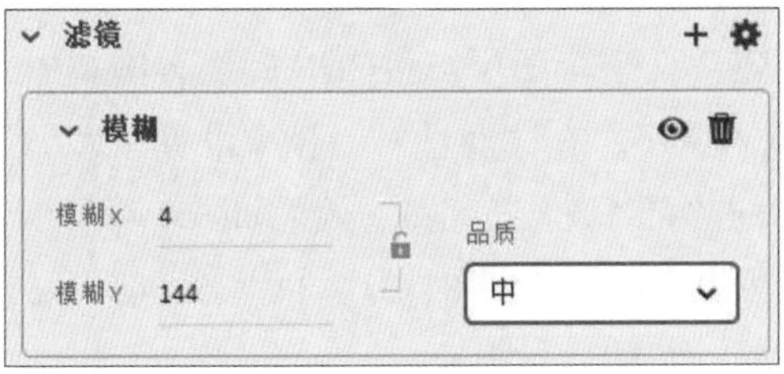

图 11-41

图 11-42

步骤 07 选中"主文字"元件编辑模式中文字图层的第1~25帧之间的任意一帧，右击鼠标，在弹出的快捷菜单中执行"创建传统补间"命令，创建补间动画，如图11-43所示。

步骤 08 选中"师"图层的第1~20帧，向后移动，如图11-44所示。

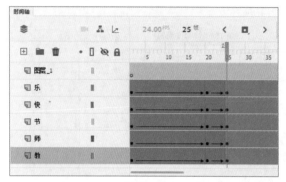
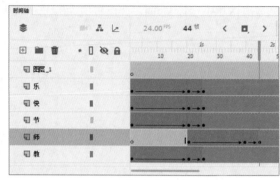

图 11-43   图 11-44

步骤 09 使用相同的方法，移动"节""快""乐"图层中的帧，效果如图11-45所示。

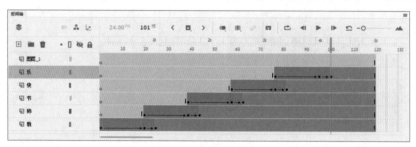

图 11-45

步骤 10 在"图层_1"图层的第120帧处按F7键插入空白关键帧，右击鼠标，在弹出的快捷菜单中执行"动作"命令，打开"动作"面板输入停止代码，如图11-46所示。

图 11-46

步骤 11 切换至场景1，在"主文字"图层上方新建"文字"图层。按Ctrl+F8组合键新建"文字"影片剪辑元件，并进入其编辑模式。在舞台中输入文字，在"属性"面板中设置"大小"为76 pt，字体及颜色与主文字一致，单击"段落"面板中的"右对齐"按钮 ，效果如图11-47所示。

步骤 12 在"图层_1"图层的第4、7、10、13、16、19、22、25、28、31、34、37、40、43、46帧处按F6键插入关键帧，在第48帧处按F5键插入普通帧，如图11-48所示。

图 11-47

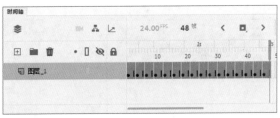

图 11-48

步骤13 选中第1帧，删除舞台中的对象，如图11-49所示。

步骤14 选中第4帧，删除"师"字之后的文字，如图11-50所示。

步骤15 选中第7帧，删除"师者"之后的文字，如图11-51所示。

图 11-49

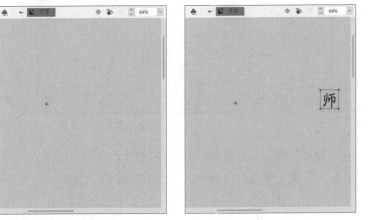

图 11-50

图 11-51

步骤16 使用相同的方法，依次删除后续关键帧中的文字，直至完全显示，如图11-52所示。

步骤17 在"图层_1"图层上方新建"动作"图层，在第48帧处按F7键插入空白关键帧，在"动作"面板中输入停止代码stop();，此时"时间轴"面板如图11-53所示。

图 11-52

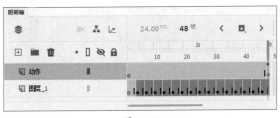

图 11-53

步骤18 切换至场景1,在"文字"图层的第120帧处按F6键插入关键帧,从"库"面板中拖曳"文字"影片剪辑元件至舞台中合适位置,如图11-54所示。

步骤19 在"文字"图层上方新建"光晕"图层,从"库"面板中拖曳"光晕"影片剪辑元件至舞台中合适位置,如图11-55所示。

图 11-54

图 11-55

步骤20 在"光晕"图层上方新建"动作"图层,在第200帧处按F7键插入空白关键帧,在"动作"面板中输入停止代码stop();。至此,完成文字动画的添加。按Ctrl+Enter组合键测试,效果如图11-56所示。

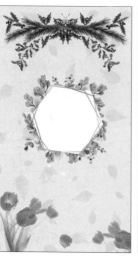

图 11-56

步骤 21 执行"文件"|"发布设置"命令,打开"发布设置"对话框,选择"Win放映文件"选项卡,单击"选择发布目标"按钮 📁,在弹出的"选择发布目标"对话框中设置存储路径及文件名,如图11-57所示。

图 11-57

步骤 22 完成后单击"保存"按钮,切换至"发布设置"对话框,单击"发布"按钮,即可在设置的存储位置发布文档,如图11-58所示。

图 11-58

至此,完成教师节贺卡的制作与发布。

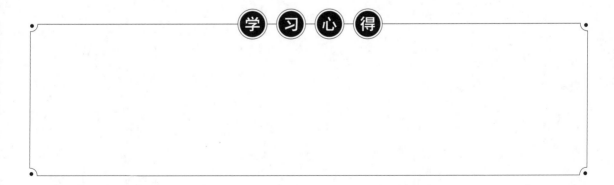

第 **12** 章

制作片头动画

内容导读

制作动画时，往往需要综合运用多种动画类型，结合不同的制作方法，使动画效果更加丰富。本章将练习制作片头动画，通过动态的片头，使景点更具吸引力，作品整体偏古风，更具中式韵味。

要点难点

- 熟悉图形的绘制
- 学会处理位图图像
- 掌握元件的创建方法
- 熟练运用补间动画
- 学会应用动作

12.1 设计解析

景点片头的作用在于展示景点。在制作景点片头之前，可以先了解要制作的景点，从而根据景点的特点，制作符合其风格的片头动画。

12.1.1 设计思想

峨眉山是中国的名山之一，风景秀丽，蕴含中式自然与文化之美。在制作峨眉山景点片头时，可以根据其特色，添加中国风元素，使整体设计偏古风，古朴大气而又不失峨眉山自身的秀美。

12.1.2 制作手法

本案例将练习制作峨眉山景点片头，涉及的知识点包括位图的添加与编辑、补间动画的制作、按钮元件的设置及代码的添加等。在制作时，选取合适的背景素材，奠定片头动画基调；制作动画，丰富片头效果；添加恰当的音频文件，使片头更具感染力；通过代码控制片头的开始和停止状态。

12.2 片头动画制作过程

峨眉山景点片头动画的制作过程具体如下。

步骤 01 启动Animate软件，新建一个900像素×700像素的空白文档，设置帧速率为12。执行"文件"|"导入"|"导入到库"命令，导入本章素材文件，如图12-1所示。

步骤 02 按Ctrl+F8组合键新建影片剪辑元件sprite 1，将"库"面板中的image1.jpg拖曳至舞台中，将其选中并按Ctrl+B组合键分离，然后对图片大小进行修剪，如图12-2所示。

图 12-1

图 12-2

💡 **操作技巧**

导入PSD文件时，在弹出的"将image2.psd导入到库"对话框中，用户可以选择需要导入的图层。

步骤 03 使用相同的方法，新建按钮元件button1，进入其编辑模式，绘制图形，如图12-3所示。在第2帧处按F6键插入关键帧，将图形缩小，在第4帧处按F5键插入普通帧。

步骤 04 在按钮元件编辑模式下，新建图层_2，使用"文本工具"输入文字，如图12-4所示。将其转换为图形元件text1，在第4帧处按F5键插入普通帧。

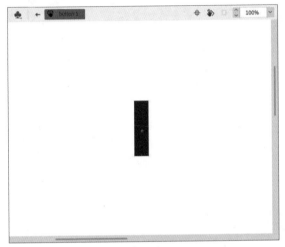

图 12-3

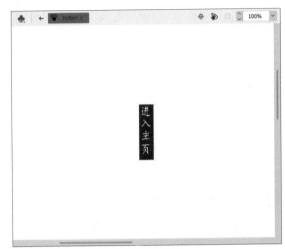

图 12-4

步骤 05 切换至场景1，在图层_1的第15帧处按F6键插入关键帧，将元件sprite 1拖曳至舞台中，并在"属性"面板的"色彩效果"区域中设置Alpha值为0，效果如图12-5所示。

步骤 06 在图层_1的第21帧处插入关键帧，选中舞台中的元件，设置Alpha值为60%，效果如图12-6所示。

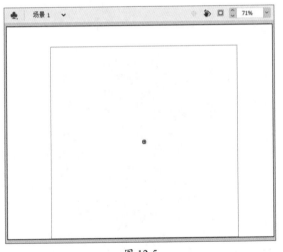

图 12-5

图 12-6

步骤 07 在第23帧处插入关键帧，在"属性"面板的"色彩效果"区域中选择"无"。分别选中第15～21帧、第21～23帧之间的任意一帧，右击鼠标，在弹出的快捷菜单中选择"创建传统补间"命令，制作补间动画，如图12-7所示。在第100帧处按F6键插入关键帧。

步骤 08 在图层_1上方新建图层_2，在第15帧处按F6键插入关键帧，使用"矩形工具"绘制矩形，如图12-8所示。

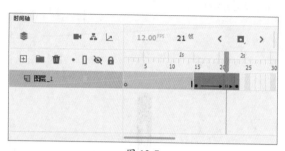

图 12-7

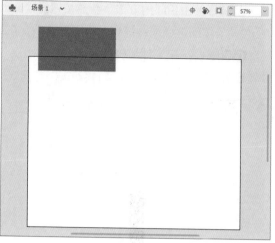

图 12-8

💡 **操作技巧**

这里绘制的矩形主要用于遮罩，填充颜色随意即可。

步骤 09 在图层_2的第21帧处插入关键帧，拖曳矩形使其变形，如图12-9所示。在第15～21帧之间创建形状补间动画。

步骤 10 使用相同的方法，在第22帧、27帧、28帧、32帧、33帧、37帧、38帧、45帧、46帧、54帧、55帧、64帧、65帧、74帧插入关键帧，并变形形状，使其逐渐覆盖图层_1中的对象。图12-10所示为第74帧的形状。在第22～27帧、28～32帧、33～37帧、38～45帧、46～54帧、55～64帧、65～74帧之间创建形状补间动画。

图 12-9

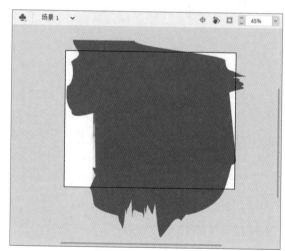

图 12-10

步骤 11 选中"图层_2"图层，右击鼠标，在弹出的快捷菜单中执行"遮罩层"命令，创建遮罩，此时"时间轴"面板中的图层将发生变化，如图12-11所示。

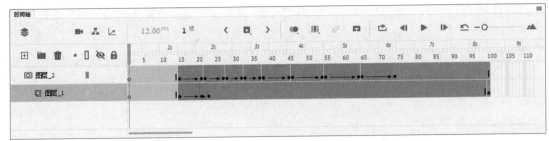

图 12-11

步骤 12 在图层_2上方新建图层_3，使用"矩形工具"在舞台中合适位置绘制从白色渐变到透明的矩形，如图12-12、图12-13所示。选中绘制的矩形，按F8键打开"转换为元件"对话框，将其转换为影片剪辑元件sprite 2。

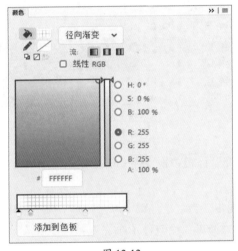

图 12-12

图 12-13

步骤 13 按Ctrl+F8组合键打开"创建新元件"对话框，新建影片剪辑元件sprite 3，在sprite 3影片剪辑元件的编辑模式下绘制如图12-14所示的图形。

步骤 14 使用"文本工具"输入文字，从"库"面板中拖曳image2图形元件至舞台中合适位置，并调整至合适大小，效果如图12-15所示。

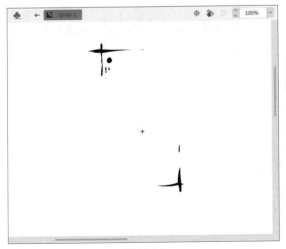

图 12-14

图 12-15

步骤 **15** 切换至场景1，在图层_3上方新建图层_4，从"库"面板中拖曳sprite 3影片剪辑元件至舞台中合适位置，并调整至合适大小，效果如图12-16所示。

步骤 **16** 在图层_4的第12帧插入关键帧，选择第1帧，在"属性"面板中设置Alpha值为0，选择第1~12帧之间的任意一帧，右击鼠标，在弹出的快捷菜单中选择"创建传统补间"命令，创建补间动画，如图12-17所示。

图 12-16

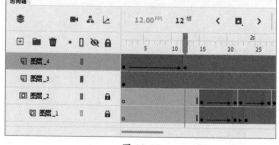

图 12-17

步骤 **17** 新建图层_5，在第100帧插入关键帧，从"库"面板中拖曳button1按钮元件至舞台中合适位置，并调整至合适大小，效果如图12-18所示。

步骤 **18** 新建music图层，在"属性"面板中设置"同步"为"事件"，"声音循环"为"循环"，"效果"为"自定义"，打开"编辑封套"对话框编辑声音效果，如图12-19所示。

图 12-18

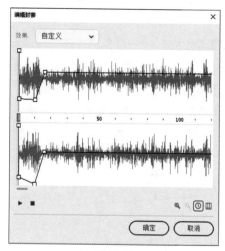

图 12-19

步骤 **19** 新建"动作"图层，在最后1帧插入关键帧，在"动作"面板中输入脚本stop（）；。按Ctrl+Enter组合键测试，效果如图12-20、图12-21所示。

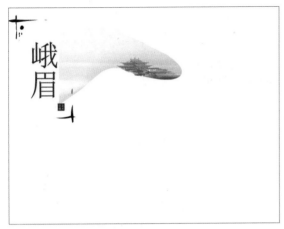

图 12-20

图 12-21

步骤 20 执行"文件"|"发布设置"命令，打开"发布设置"对话框，选中Flash（.swf）、"HTML包装器"和"Win放映文件"复选框。切换至"HTML包装器"选项卡，单击"选择发布目标"按钮，在弹出的"选择发布目标"对话框中设置存储路径及文件名，如图12-22所示。

步骤 21 设置完成后单击"保存"按钮，切换至"发布设置"对话框，单击"发布"按钮，即可在设置的存储位置发布文档，如图12-23所示。

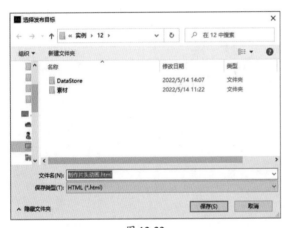

图 12-22

图 12-23

至此，完成片头动画的制作与发布。

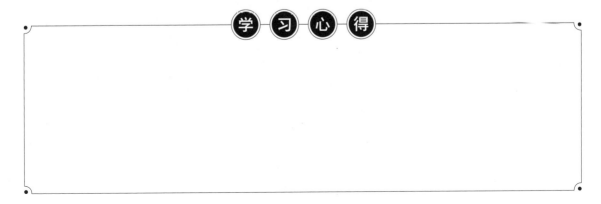

参 考 文 献

[1] 张菲菲，徐爽爽. Flash CS5动画制作技术 [M]. 北京：化学工业出版社，2011.

[2] 周雄俊. Flash动画制作技术 [M]. 北京：清华大学出版社，2011.

[3] 瑞哈特. Flash MX宝典 [M]. 曹铭，等译. 北京：电子工业出版社，2003.

[4] 雪之航工作室. Flash MX中文版技巧与实例 [M]. 北京：中国铁道出版社，2003.

[5] 陈青. Flash MX 2004标准案例教材 [M]. 北京：人民邮电出版社，2006.